建设工程检验检测资质申报及管理指南

徐健康　曹恒瑞　常　欢　主编

U0283709

中国建设科技出版社

北　京

图书在版编目（CIP）数据

建设工程检验检测资质申报及管理指南/徐健康，曹恒瑞，常欢主编. --北京：中国建设科技出版社，2024.9. -- ISBN 978-7-5160-4274-8

Ⅰ. TU712-62

中国国家版本馆 CIP 数据核字第 2024QH8609 号

建设工程检验检测资质申报及管理指南

JIANSHE GONGCHENG JIANYAN JIANCE ZIZHI SHENBAO JI GUANLI ZHINAN

徐健康　曹恒瑞　常　欢　主编

出版发行：中国建设科技出版社

地　　址：北京市西城区白纸坊东街 2 号院 6 号楼

邮　　编：100054

经　　销：全国各地新华书店

印　　刷：北京雁林吉兆印刷有限公司

开　　本：787mm×1092mm　1/16

印　　张：12.5

字　　数：340 千字

版　　次：2024 年 9 月第 1 版

印　　次：2024 年 9 月第 1 次

定　　价：88.00 元

本书编委会

主　　编：徐健康　曹恒瑞　常　欢

副 主 编：庞连曼　白静国　李春来

参　　编：夏　艳　黄　阳　周剑刚

　　　　　孟　娜　徐建阳　胡　帅

　　　　　罗　桓

参编单位：永康市质量技术监测研究院

　　　　　北京康居认证中心有限公司

　　　　　天津信安工程检测有限公司

　　　　　北京环科环保技术有限公司

　　　　　天津顺港建设工程质量检测有限公司

　　　　　天津军星管业集团有限公司

　　　　　徐州市建设工程检测中心有限公司

　　　　　象山万达特种门窗有限公司

　　　　　天津市市政工程学校

　　　　　王力安防科技股份有限公司

　　　　　天津中恒荣泰科技发展有限公司

前　言

　　建设工程是为人类生活、生产提供物质技术基础的各类建筑物和工程设施的统称，包括房屋建筑工程、铁路工程、公路工程、市政工程、水运工程等。建设工程质量检测活动是各类建设基础设施安全和质量的基础性、保障性控制环节，是事关国家基础设施和人民生命财产安全的关键性技术工作。

　　中华人民共和国国家市场监督管理总局发布的《2023年度全国检验检测服务业统计简报》显示，截至2023年年底，我国取得资质认定的检验检测机构共53834家，同比增长2.02%；从业人员156.19万人，同比增长1.31%。其中建筑工程类8241家，建筑材料类7366家，建设工程相关的检验检测机构出具报告数量达1亿份以上。

　　建设工程检验检测涉及的行业领域多，因此，相应的管理部门也较多，不同领域对检验检测机构资质既有共性的要求，也有针对性的特殊要求。近年来，行业不断变化，一系列的政策文件随之出台。随着《检验检测机构资质认定评审准则》（市场监督管理总局2023年第21号）、《建设工程质量检测管理办法》（住房城乡建设部令第57号）、《公路水运工程质量检测管理办法》（交通运输部令2023年第9号）、《水利工程质量管理规定》（水利部令2023年第52号）等文件的实施，检测机构不断面临着新的要求和机遇，尤其是综合类的检验检测机构，其管理体系需要同时满足各行业领域法律法规的要求。如何快速地了解、掌握并适应这些变化，保证检验检测机构持续、有效、合规地运行，是建设工程检测机构共同面临的问题。

　　为此，本书编者编写了《建设工程检验检测资质申报及管理指南》。

　　本书共8章，包括建设工程检验检测资质概述、检验检测机构资质认定管理概述、中国合格评定委员会认可资质管理概述、建设工程检测资质管理概述、雷电防护装置检测资质管理概述、水利工程质量检测资质管理概述、公路水运工程质量检测资质管理概述、人防工程防护设备检测机构资质认定管理概述。

　　本书可作为检验检测机构最高管理者、技术负责人、质量负责人日常管理的参考用书，也可作为检验检测从业人员的上岗培训教材。同时本书可用于建设工程相关技术人员、检验检测机构评审员和监督部门有关人员了解和掌握检验检测机构的要求，提高其业务水平。此外，本书对于生产型企业内部实验室管理体系的建立、运行及资质申报具有一定的指导意义。

　　由于编者水平有限，错误和疏漏之处在所难免，恳请读者给予批评指正。

编　者

2024年3月

目　　录

1 建设工程检验检测资质概述

1.1 建设工程的定义

不同法条中对建设工程的定义不同。《中华人民共和国招标投标法实施条例》中的建设工程包括建筑物和构筑物的新建、改建、扩建及其相关的装修、拆除、修缮等。《建设工程质量管理条例》（中华人民共和国国务院令第 279 号）中的建设工程是指土木工程、建筑工程、线路管道和设备安装工程及装修工程。这里所指的土木工程包括矿山、铁路、公路、隧道、桥梁、堤坝、电站、码头、飞机场、运动场、营造林、海洋平台等；建筑工程是指房屋建筑工程，即有顶盖、梁柱、墙壁、基础及能形成内部空间，满足人们生产、生活、公共活动的工程实体，包括厂房、剧院、旅馆、商店、学校、医院和住宅等；线路、管道和设备安装工程包括电力、通信线路、石油、燃气、给水、排水、供热等管道系统和各类机械设备、装置的安装活动；装修工程指对建筑物内、外进行以美化、舒适化，以增加使用功能为目的的工程建设活动。

按使用功能不同，建设工程可分为房屋建筑和市政工程、水利工程、公路水运工程、铁路工程、消防工程、人防工程与雷电防护装置等。

1.2 建设工程质量管理相关法律法规

建设工程质量检测是控制工程质量的重要环节，是政府工程质量监管的重要手段，是评价工程质量的重要依据，对确保建设工程质量起到重要作用。建设工程质量检验检测机构承担对涉及结构安全、主要使用功能的检测项目，建筑材料、建筑构配件、设备，以及工程实体质量等检验检测任务，其出具的数据和检测报告可作为工程质量评估、安全性鉴定、司法裁决、行政决定的依据。因此，我国对建设工程检验检测机构实行严格的资质管理，制定了一系列的法律法规。

1.2.1 《中华人民共和国计量法》及其实施细则

《中华人民共和国计量法》（以下简称《计量法》）于 1985 年 9 月 6 日第六届全国人民代表大会常务委员会第十二次会议通过，根据 2018 年 10 月 26 日第十三届全国人民代表大会常务委员会第六次会议进行了第五次修正。

《中华人民共和国计量法实施细则》（以下简称《计量法实施细则》）于 1987 年 1 月 19 日经国务院批准，1987 年 2 月 1 日由国家计量局发布，根据 2022 年 3 月 29 日中华人民共和国国务院令第 752 号进行第四次修订。

《计量法》第二十二条规定：为社会提供公证数据的产品质量检验机构，必须经省级以上人民政府计量行政部门对其计量检定、测试的能力和可靠性考核合格。

《计量法实施细则》第三十一条规定：产品质量检验机构提出计量认证申请后，省级以上人民政府计量行政部门应指定所属的计量检定机构或者被授权的技术机构按照本细则第三十条规定的内容进行考核。考核合格后，由接受申请的省级以上人民政府计量行政部门发给计量认证合格证书。产品质量检验机构自愿签署告知承诺书并按要求提交材料的，按照告知承诺相关程序办理。未取得计量认证合格证书的，不得开展产品质量检验工作。

《计量法实施细则》第三十二条规定：省级以上人民政府计量行政部门有权对计量认证合格的产品质量检验机构，按照本细则第三十条规定的内容进行监督检查。

1.2.2 《中华人民共和国产品质量法》

《中华人民共和国产品质量法》（简称《产品质量法》）于 1993 年 2 月 22 日经第七届全国人民代表大会常务委员会第三十次会议通过，自 1993 年 9 月 1 日起施行。根据 2018 年 12 月 29 日第十三届全国人民代表大会常务委员会第七次会议进行第三次修正。

《产品质量法》第十九条规定：产品质量检验机构必须具备相应的检测条件和能力，经省级以上人民政府市场监督管理部门或者其授权的部门考核合格后，方可承担产品质量检验工作。法律、行政法规对产品质量检验机构另有规定的，依照有关法律、行政法规的规定执行。

《产品质量法》第二十一条规定：产品质量检验机构、认证机构必须依法按照有关标准，客观、公正地出具检验结果或者认证证明。

产品质量认证机构应当依照国家规定对准许使用认证标志的产品进行认证后的跟踪检查；对不符合认证标准而使用认证标志的，要求其改正；情节严重的，取消其使用认证标志的资格。

《产品质量法》第五十七条规定：产品质量检验机构、认证机构伪造检验结果或者出具虚假证明的，责令改正，对单位处五万元以上十万元以下的罚款，对直接负责的主管人员和其他直接责任人员处一万元以上五万元以下的罚款；有违法所得的，并处没收违法所得；情节严重的，取消其检验资格、认证资格；构成犯罪的，依法追究刑事责任。

产品质量检验机构、认证机构出具的检验结果证明不实，造成损失的，应当承担相应的赔偿责任；造成重大损失的，撤销其检验资格、认证资格……

《产品质量法》第六十七条规定：……产品质量检验机构有前款所列违法行为的，由市场监督管理部门责令改正，消除影响，有违法收入的予以没收，可以并处违法收入一倍以下的罚款；情节严重的，撤销其质量检验资格。

1.2.3 《中华人民共和国建筑法》

《中华人民共和国建筑法》（简称《建筑法》）由中华人民共和国第八届全国人民代表大会常务委员会第二十八次会议于 1997 年 11 月 1 日通过，根据 2019 年 4 月 23 日第十三届全国人民代表大会常务委员会第十次会议进行了第二次修正。《建筑法》由总则、建筑许可、建筑工程发包与承包、建筑工程监理、建筑安全生产管理、建筑工程质量管理、法律责任和附则共八章八十五条组成。

《建筑法》第二条规定：在中华人民共和国境内从事建筑活动，实施对建筑活动的监督管理，应当遵守本法。

本法所称建筑活动，是指各类房屋建筑及其附属设施的建造和与其配套的线路、管道、设备的安装活动。

《建筑法》第五十九条规定：建筑施工企业必须按照工程设计要求、施工技术标准和合同的约定，对建筑材料、建筑构配件和设备进行检验，不合格的不得使用。

《建筑法》第六十条规定：建筑物在合理使用寿命内，必须确保地基基础工程和主体结构的质量。建筑工程竣工时，屋顶、墙面不得留有渗漏、开裂等质量缺陷；对已发现的质量缺陷，建筑施工企业应当修复。

1.2.4　《中华人民共和国气象法》

《中华人民共和国气象法》（简称《气象法》）于 1999 年 10 月 31 日经第九届全国人民代表大会常务委员会第十二次会议通过，根据 2016 年 11 月 7 日第十二届全国人民代表大会常务委员会第二十四次会议进行了第三次修正。

《气象法》第三十一条规定：各级气象主管机构应当加强对雷电灾害防御工作的组织管理，并会同有关部门指导对可能遭受雷击的建筑物、构筑物和其他设施安装的雷电灾害防护装置的检测工作。

1.2.5　《建设工程质量管理条例》

《建设工程质量管理条例》于 2000 年 1 月 10 日经国务院第 25 次常务会议通过，2000 年 1 月 30 日由中华人民共和国国务院令第 279 号公布，历经 2017 年、2019 两次修订。《建设工程质量管理条例》是《中华人民共和国建筑法》颁布实施后制定的第一部配套的行政法规，也是我国第一部建设工程质量条例。《建筑工程质量管理条例》由总则，建设单位的质量责任和义务，勘察、设计单位的质量责任和义务，施工单位的质量责任和义务，工程监理单位的质量责任和义务，建设工程质量保修，监督管理，罚则和附则共九章八十二条组成。

《建设工程质量管理条例》第二条规定：凡在中华人民共和国境内从事建设工程的新建、扩建、改建等有关活动及实施对建设工程质量监督管理的，必须遵守本条例。

············

《建设工程质量管理条例》第二十九条规定：施工单位必须按照工程设计要求、施工技术标准和合同约定，对建筑材料、建筑构配件、设备和商品混凝土进行检验，检验应当有书面记录和专人签字；未经检验或者检验不合格的，不得使用。

《建设工程质量管理条例》第三十一条规定：施工人员对涉及结构安全的试块、试件以及有关材料，应当在建设单位或者工程监理单位监督下现场取样，并送具有相应资质等级的质量检测单位进行检测。

《建设工程质量管理条例》第四十三条规定：国家实行建设工程质量监督管理制度。国务院建设行政主管部门对全国的建设工程质量实施统一监督管理。国务院铁路、交通、水利等有关部门按照国务院规定的职责分工，负责对全国的有关专业建设工程质量的监督管理。

………

《建设工程质量管理条例》第四十六条规定：建设工程质量监督管理，可以由建设行政主管部门或者其他有关部门委托的建设工程质量监督机构具体实施。从事房屋建筑工程和市政基础设施工程质量监督的机构，必须按照国家有关规定经国务院建设行政主管部门或者省、自治区、直辖市人民政府建设行政主管部门考核；从事专业建设工程质量监督的机构，必须按照国家有关规定经国务院有关部门或者省、自治区、直辖市人民政府有关部门考核。经考核合格后，方可实施质量监督。

1.2.6 《建设工程抗震管理条例》

《建设工程抗震管理条例》于2021年5月12日经国务院第135次常务会议通过，2021年7月19日中华人民共和国国务院令第744号公布，自2021年9月1日起施行。

《建设工程抗震管理条例》第十八条规定：隔震减震装置用于建设工程前，施工单位应当在建设单位或者工程监理单位监督下进行取样，送建设单位委托的具有相应建设工程质量检测资质的机构进行检测。禁止使用不合格的隔震减震装置。

实行施工总承包的，隔震减震装置属于建设工程主体结构的施工，应当由总承包单位自行完成。

工程质量检测机构应当建立建设工程过程数据和结果数据、检测影像资料及检测报告记录与留存制度，对检测数据和检测报告的真实性、准确性负责，不得出具虚假的检测数据和检测报告。

1.2.7 《中华人民共和国认证认可条例》

《中华人民共和国认证认可条例》（简称《认证认可条例》）于2003年9月3日中华人民共和国国务院令第390号公布，历经多次修订，现行版本自2023年7月20日起施行。《认证认可条例》由总则、认证机构、认证、认可、监督管理、法律责任、附则共七章七十七条组成。

《认证认可条例》是规范认证认可检验检测活动的法规，涉及认证认可检验检测工作的基本原则、制度体系、监管要求和相关法律权利义务关系，对于规范和促进认证认可检验检测工作、加强和创新市场监管、营造市场化法治化国际化营商环境具有重要意义。

《认证认可条例》第十五条规定：向社会出具具有证明作用的数据和结果的检查机构、实验室，应当具备有关法律、行政法规规定的基本条件和能力，并依法经认定后，方可从事相应活动，认定结果由国务院认证认可的监督管理部门公布。

1.3 建设工程检验检测资质情况概述

如前文所述，《建设工程质量管理条例》明确了国务院建设行政主管部门在建设工程质量管理过程中的监督管理职能，同时也明确了铁路、交通、水利等有关部门的职责分工。由此可见，建设工程质量管理涉及多个领域，建设工程检验检测机构也必然接受多个行业主管部门的监督管理。

建设工程质量检测相关资质情况汇总见表 1-1。

表 1-1   建设工程质量检测相关资质情况汇总

序号	建设工程质量检测检测类别及要求	资质认定(CMA)	实验室认可	检验机构认可	房屋建筑和市政工程检测资质	水利工程检测资质	公路水运工程检测资质	雷电防护装置检测资质	人防工程检测资质
1	是否需要取得市场监管管理部门 CMA 计量认证前置许可	—	否	否	否	是	否	否	是
2	资质主管部门	市场监督管理部门	中国合格评定国家认可委员会	中国合格评定国家认可委员会	住房和城乡建设主管部门	水利主管部门	交通运输主管部门	气象主管部门	市场监督管理部门及人防办
3	行政许可/备案/认可	行政许可	认可	认可	行政许可	行政许可	行政许可	行政许可	先行政许可再备案
4	取得资质的强制性/自愿性	强制性	自愿性	自愿性	强制性	强制性	强制性	强制性	强制性
5	取得资质的对象	第三方检验检测机构	第一方、第二方、第三方实验室均可	第一方、第二方、第三方实验室均可	第三方检验检测机构	第三方检验检测机构	第三方检验检测机构	第三方检验检测机构	第三方检验检测机构
6	证书有效期	6 年	6 年	6 年	5 年	3 年	5 年	5 年	6 年

建设工程涉及领域众多,由于篇幅所限,本书仅梳理了检验检测机构通用的要求及其在房屋建筑和市政基础设施、雷电防护装置、水利工程、公路水运工程、人防工程防护设备等领域检测资质的特殊要求。

1.4   术语和定义

1. 实验室

从事下列一个或多个活动的机构:检测、校准与后续检测或校准相关的抽样。

2. 检验检测机构

检验检测机构是指依法成立,依据相关标准或技术规范,利用仪器设备、环境设施等技术条件和专业技能,对产品或者法律法规规定的特定对象进行检验检测的专业技术组织。

3. 资质认定

资质认定是指省级以上质量技术监督部门依据有关法律法规和标准、技术规范的规定,对检验检测机构的基本条件和技术能力是否符合法定要求实施的评价许可。资质认定包括检验检测机构计量认证。

4. 检验

对产品、过程、服务、安装及设计进行审查，并确定其与特定要求的符合性，或在专业判断的基础上确定其与通用要求的符合性。建设工程检验通常是指对建设工程及工程产品和材料在检测（或不检测）和专业判断的基础上，确定其对特定要求或通用要求符合性的活动（例如，通过方案制定、资料审核、证据收集、检测、专业分析、计算、系统评价等，给出符合性判定结论的行为）。

5. 检测

按程序确定合格评定对象的一个或多个特性的活动。建设工程检测通常是指对建设工程及工程产品和材料依据相关标准、按规定的程序、进行技术操作并得出数据或结果的活动（例如，使用仪器设备，按规定的程序给出数据或仅给出简单的、对应指标性判断的操作等）。

6. 认可

认可是指由认可机构对认证机构、检查机构、实验室及从事评审、审核等认证活动人员的能力和执业资格予以承认的合格评定活动。

7. 认可评定

根据认可规则和认可准则的要求，对认可评审的结论及相关信息进行审查，并作出有关是否批准、保持、扩大、缩小、暂停或撤销认可资格的决定意见。

8. 能力验证

利用实验室间比对，按预先制定的准则评价参加者的能力。

9. 实验室间比对

按预先规定的条件，由 2 个或多个实验室对相同或类似的物品进行测量或检测的组织、实施和评价。

10. 测量审核

一个参加者对被测物品（材料或制品）进行实际测试，将测试结果与参考值进行比较的活动。

2 检验检测机构资质认定管理概述

检验检测机构资质认定是国务院确定的一项检验检测市场准入的行政许可制度，在中华人民共和国境内从事向社会出具具有证明作用的数据、结果的检验检测机构应取得资质认定。

资质认定是指市场监督管理部门依照有关法律、行政法规规定，对向社会出具具有证明作用的数据、结果的检验检测机构的基本条件和技术能力是否符合法定要求实施的评价许可。

本章内容包括资质认定相关规章及政策文件、资质认定相关认证认可行业标准、资质认定相关管理要求、资质认定通用要求、资质认定程序、资质认定技术评审和资质认定网上申报流程（实例）。

2.1 资质认定相关规章及政策文件

2.1.1 《检验检测机构资质认定管理办法》

《检验检测机构资质认定管理办法》于 2015 年 4 月 9 日由国家质量监督检验检疫总局令第 163 号公布，根据 2021 年 4 月 2 日《国家市场监督管理总局关于废止和修改部分规章的决定》修改，自 2021 年 6 月 1 日起实施。《检验检测机构资质认定管理办法》由总则、资质认定条件和程序、技术评审管理、监督检查和附则共五章四十条组成。

《检验检测机构资质认定管理办法》是为了规范检验检测机构资质认定工作，优化准入程序，依据《中华人民共和国计量法》及其实施细则、《中华人民共和国认证认可条例》等法律、行政法规的规定制定的办法。在中华人民共和国境内对检验检测机构实施资质认定，应遵守本办法。

2.1.2 《检验检测机构监督管理办法》

《检验检测机构监督管理办法》于 2021 年 4 月 8 日由国家市场监督管理总局令第 39 号公布，自 2021 年 6 月 1 日起施行。《检验检测机构监督管理办法》共二十八条。

《检验检测机构监督管理办法》是为了加强检验检测机构监督管理工作，规范检验检测机构从业行为，营造公平有序的检验检测市场环境，依照《中华人民共和国计量法》及其实施细则、《中华人民共和国认证认可条例》等法律、行政法规制定的办法。

在中华人民共和国境内检验检测机构从事向社会出具具有证明作用的检验检测数据、结果、报告的活动及其监督管理，适用本办法。法律、行政法规对检验检测机构的监督管理另有规定的，依照其规定。

2.1.3 《检验检测机构资质认定评审准则》

为落实《质量强国建设纲要》关于深化检验检测机构资质审批制度改革、全面实施告知承诺和优化审批服务的要求，国家市场监督管理总局修订了《检验检测机构资质认定评审准则》，于 2023 年 5 月 15 日总局第 9 次局务会议通过，自 2023 年 12 月 1 日起施行。《检验检测机构资质认定评审准则》（国认实〔2016〕33 号）同时废止。

在中华人民共和国境内开展检验检测机构资质认定技术评审（含告知承诺核查）工作，应遵守本准则。

2.1.4 《国家认监委关于推进检验检测机构资质认定统一实施的通知》（国认证〔2018〕12 号）

为适应新形势、新要求，落实国务院下发《国务院关于加强质量认证体系建设促进全面质量管理的意见》（国发〔2018〕3 号）提出的工作任务，促进形成统一的资质认定工作新格局，进一步推进检验检测机构资质认定统一实施有关工作要求，国家认证认可监督管理委员会于 2018 年 3 月 7 日发布《国家认监委关于推进检验检测机构资质认定统一实施的通知》（国认证〔2018〕12 号）。

该通知从"推进统一的检验检测机构资质认定制度建立""推动资质认定制度改革，为检验检测机构减负"和"加强检验检测机构事中事后监管"3 个方面对工作进行了明确。

2.1.5 《市场监管总局关于进一步推进检验检测机构资质认定改革工作的意见》（国市监检测〔2019〕206 号）

为深入贯彻"放管服"改革要求，认真落实"证照分离"工作部署，进一步推进检验检测机构资质认定改革，创新完善检验检测市场监管体制机制，优化检验检测机构准入服务，加强事中事后监管，营造公平竞争、健康有序的检验检测市场营商环境，充分激发检验检测市场活力，国家市场监督管理总局发布《市场监管总局关于进一步推进检验检测机构资质认定改革工作的意见（国市监检测〔2019〕206 号)》，自 2019 年 12 月 1 日施行。

该意见提出"依法界定检验检测机构资质认定范围，逐步实现资质认定范围清单管理""试点推行告知承诺制度""优化准入服务，便利机构取证""整合检验检测机构资质认定证书，实现检验检测机构一家一证"等改革措施。

2.1.6 《国务院办公厅关于深化商事制度改革进一步为企业松绑减负激发企业活力的通知》（国办发〔2020〕29 号）

《国务院办公厅关于深化商事制度改革进一步为企业松绑减负激发企业活力的通知》（国办发〔2020〕29 号）于 2020 年 9 月 1 日由国务院办公厅发布。

该通知提出"2021 年在全国范围内推行检验检测机构资质认定告知承诺制。全面推行检验检测机构资质认定网上审批，完善机构信息查询功能""在市场监管领域，进一步完善以'双随机、一公开'监管为基本手段、以重点监管为补充、以信用监管为基础的新型监管机制。推进双随机抽查与信用风险分类监管相结合，充分运用大数据等技术，针对不同风险等级、信用水平的检查对象采取差异化分类监管措施，逐步做到对企业信用风险状况以及主要风险点精准识别和预测预警"。

2.1.7　《市场监管总局关于进一步加强国家质检中心管理的意见》（国市监检测发〔2021〕16 号）

国家市场监督管理总局于 2021 年 3 月 31 日发布《市场监管总局关于进一步加强国家质检中心管理的意见》（国市监检测发〔2021〕16 号）。

该意见从"进一步加强国家质检中心管理的必要性""明确国家质检中心功能定位""优化国家质检中心规划布局""严格国家质检中心建设标准""规范国家质检中心行为""加强国家质检中心监督管理""完善国家质检中心退出机制""提升国家质检中心公共技术服务能力"8 个方面对国家质检中心的管理进行了阐述。

2.1.8　《国家认监委关于检验检测机构资质认定配套工作程序和技术要求的通知》（国认实〔2015〕50 号）

2015 年 7 月，国家认证认可监督管理委员会印发《国家认监委关于检验检测机构资质认定配套工作程序和技术要求的通知》（国认实〔2015〕50 号）。配套工作程序和技术要求共 15 个，其中与建筑工程检验检测相关的文件有以下 13 个。文件可在国家认监委网站下载。

1）《检验检测机构资质认定　公正性和保密性要求》；
2）《检验检测机构资质认定　专业技术评价机构基本要求》；
3）《检验检测机构资质认定　评审员管理要求》；
4）《检验检测机构资质认定　标志及其使用要求》；
5）《检验检测机构资质认定　证书及其使用要求》；
6）《检验检测机构资质认定　检验检测专用章使用要求》；
7）《检验检测机构资质认定　分类监管实施意见》；
8）《检验检测机构资质认定　评审工作程序》；
9）《检验检测机构资质认定评审准则》；
10）《检验检测机构资质认定许可公示表》；
11）《检验检测机构资质认定申请书》；
12）《检验检测机构资质认定评审报告》；
13）《检验检测机构资质认定审批表》。

2.2　资质认定相关认证认可行业标准

2.2.1　《检验检测机构资质认定能力评价　检验检测机构通用要求》（RB/T 214—2017）简介

《检验检测机构资质认定能力评价　检验检测机构通用要求》（RB/T 214—2017），

作为资质认定管理办法的配套实施性行业标准，于 2018 年 5 月 1 日实施。

该标准规定了对检验检测机构进行资质认定能力评价时，在机构、人员、场所环境、设备设施、管理体系方面的通用要求。

该标准适用于向社会出具具有证明作用的数据、结果的检验检测机构的资质认定能力评价，也适用于检验检测机构的自我评价。

2.2.2 《能力验证计划的选择与核查及结果利用指南》（RB/T 031—2020）简介

《能力验证计划的选择与核查及结果利用指南》（RB/T 031—2020）于 2020 年 12 月 1 日实施。

该标准给出了能力验证计划的选择与核查及结果利用指南，可为实验室开展质量控制提供指导。

2.2.3 《实验室信息管理系统管理规范》（RB/T 028—2020）简介

《实验室信息管理系统管理规范》（RB/T 028—2020）于 2020 年 12 月 1 日实施。

该标准规定了实验室信息管理系统的管理策划、建设、运行、维护、退役等管理要求，适用于设计、建设和使用实验室信息管理系统的实验室及相关方。

2.2.4 《检验检测机构管理和技术能力评价 建设工程检验检测要求》（RB/T 043—2020）简介

《检验检测机构管理和技术能力评价 建设工程检验检测要求》（RB/T 043—2020）于 2020 年 12 月 1 日实施。

该标准规定了从事建设工程检验检测活动的检验检测机构，在机构、人员、场所环境、设备设施、管理体系等管理和技术能力方面的要求。适用于对从事房屋建筑业、土木工程建筑业和建筑装饰装修建筑业的建设检验检测机构开展管理和技术能力评价，也适用于此类机构的自我评价。

2.2.5 《检验检测机构管理和技术能力评价 内部审核要求》（RB/T 045—2020）简介

《检验检测机构管理和技术能力评价 内部审核要求》（RB/T 045—2020）于 2020 年 12 月 1 日实施。

该标准规定了检验检测机构内部审核的资源要求以及对内部审核的策划、实施、后续措施及验证、记录和报告的要求。

该标准适用于检验检测机构的管理和技术能力评价，也适用于已建立管理体系的检验检测机构开展内部审核。

2.2.6 《检验检测机构管理和技术能力评价 授权签字人要求》（RB/T 046—2020）简介

《检验检测机构管理和技术能力评价 授权签字人要求》（RB/T 046—2020）于

2020 年 12 月 1 日实施。

该标准规定了检验检测机构授权签字人的任职条件、职责。该标准适用于检验检测活动中对授权签字人能力的要求。

2.2.7 《检验检测机构管理和技术能力评价 设施和环境通用要求》(RB/T 047—2020) 简介

《检验检测机构管理和技术能力评价 设施和环境通用要求》(RB/T 047—2020) 于 2020 年 12 月 1 日实施。

该标准规定了检验检测机构管理和技术能力评价时，对机构设施和环境条件的通用要求。

本标准适用于检验检测机构管理和技术能力评价时，对新建、改建和扩建的固定、临时和可移动检验检测场所的设施和环境条件的评价。也适用于检验检测机构对开展检验检测活动的固定、临时的和可移动检验检测场所的设施和环境条件的自我评价。

该标准不适用于仅从事科研医学及保健、职业卫生技术评价服务、动植物检疫以及建设工程质量鉴定、房屋鉴定、消防设施维护保养检测等机构的设施和环境条件的评价。

2.2.8 《检验检测机构管理和技术能力评价 建筑材料检测要求》(RB/T 064—2021) 简介

《检验检测机构管理和技术能力评价 建筑材料检测要求》(RB/T 064—2021) 于 2022 年 1 月 1 日实施。

本文件规定了从事建筑材料检测活动的检测机构的人员、场所环境、设备设施和管理体系等要求。

本文件适用于从事建筑材料检测活动的检测机构开展管理和技术能力评价，也适用于此类机构的自我评价。

2.2.9 《检验检测机构管理和技术能力评价 方法的验证和确认要求》(RB/T 063—2021) 简介

《检验检测机构管理和技术能力评价 方法的验证和确认要求》(RB/T 063—2021) 于 2022 年 1 月 1 日实施。

本文件规定了标准方法验证和非标准方法确认的要求。

本文件适用于向社会出具具有证明作用的数据和结果的检验检测机构资质认定能力评价。

2.3 资质认定相关管理要求

2.3.1 资质认定实施范围

依照《计量法》及其实施细则、《认证认可条例》等有关法律法规的规定，向社会出具具有证明作用的数据和结果的检验检测机构，应依法经国家认证认可监督管理部门或各省、自治区、直辖市人民政府质量技术监督部门资质认定（计量认证）。

2.3.1.1 建设工程领域资质认定的范围

1. 建筑材料

建筑材料是在建筑工程中所应用的各种材料，包括水泥、集料、掺和料、混凝土用水、外加剂、混凝土制品、砂浆产品、钢材、墙体材料、防水材料、门窗幕墙、保温材料、胶粘剂、风机盘管、通风管道、散热器、保温装饰材料、太阳能集热器、辅助材料、建筑电气（如电线电缆、开关插座、熔断器、灯具等）、管网材料、装饰装修材料、施工机具、沥青、土工合成材料、排水器材、道桥构配件、加固材料、防护用品等。

2. 人防工程

根据国家人民防空办公室及国家认证认可监督管理委员会联合发布的《关于规范人防工程防护设备检测机构资质认定工作的通知》（国人防〔2017〕271号文件），人防工程检测机构应取得检验检测机构资质认定。

3. 水利工程

根据《水利工程质量检测管理规定》，检测单位向审批机关提交申请材料之一为"计量认证资质证书和证书附表复印件"，水利工程质量检测机构应取得检验检测机构资质认定。

2.3.1.2 建设工程领域资质认定不予认定的范围

1. "建设工程质量鉴定""房屋鉴定"不再颁发资质认定证书

根据《市场监管总局关于进一步推进检验检测机构资质认定改革工作的意见》（国市监检测〔2019〕206号）规定，在建设工程领域，"建设工程质量鉴定""房屋鉴定"不再颁发资质认定证书。已取得资质认定证书的，有效期内不再受理相关资质认定事项申请，不再延续资质认定证书有效期。

2. "建设工程质量检测"不再颁发资质认定证书

在部分省市，建设工程领域的"建设工程质量检测"不再颁发资质认定证书。如京津冀三地市场监管部门于2023年7月联合发文明确"建设工程质量检测"不再颁发资质认定证书。已取得资质认定证书的，有效期内不再受理相关资质认定事项申请，不再延续资质认定证书有效期。

2.3.2 资质认定管理部门

检验检测机构资质认定管理部门为国家各级市场监督管理部门，包括国家市场监督管理总局、省级市场监督管理部门和地（市）、县级市场监督管理部门。

2.3.2.1 国家市场监督管理总局

国家市场监督管理总局主管全国检验检测机构资质认定工作，并负责检验检测机构资质认定的统一管理、组织实施、综合协调工作。

1. 资质认定组织实施

国家市场监管总局负责组织实施国务院有关部门及相关行业主管部门依法成立的检验检测机构的资质认定。

2. 资质认定的监督管理

国家市场监督管理总局对省级市场监督管理部门实施的检验检测机构资质认定工作进行监督和指导。统一负责、综合协调检验检测机构监督管理工作。

国家市场监督管理总局可根据工作需要，委托省级市场监督管理部门开展监督管理。

3. 其他

1）法律、行政法规规定应取得资质认定的事项清单，由国家市场监管总局制定并公布，并根据法律，行政法规的调整实行动态管理。

2）国家市场监管总局依据国家有关法律法规和标准、技术规范的规定，制定检验检测机构资质认定基本规范、评审准则及资质认定证书和标志的式样，并予以公布。

3）国家市场监督管理总局负责检验检测机构资质认定告知承诺统一管理、组织实施、后续核查监督工作。

2.3.2.2 省级市场监督管理部门

省级市场监督管理部门负责本行政区域内检验检测机构的资质认定工作。

1. 资质认定组织实施

除国务院有关部门及相关行业主管部门依法成立的检验检测机构外，其他检验检测机构的资质认定，由其所在行政区域的省级资质认定部门负责组织实施。

2. 监督管理

省级市场监督管理部门负责本行政区域内检验检测机构监督管理工作。省级市场监督管理部门可结合风险程度、能力验证级监督检查结果、投诉举报情况等，对本行政区域内检验检测机构进行分类监管。

3. 能力验证

省级以上市场监督管理部门可根据工作需要，定期组织检验检测机构能力验证工作，并公布能力验证结果。

4. 告知承诺、后续核查监督

各省级市场监督管理部门负责实施所辖区域内检验检测机构资质认定告知承诺、后续核查监督工作。

2.3.2.3 地（市）、县级市场监督管理部门

地（市）、县级市场监督管理部门负责本行政区域内检验检测机构监督检查工作。

除以上职能外，县级以上市场监督管理部门还应做到：

1）依据检验检测机构年度监督检查计划，随机抽取检查对象、随机选派执法检查人员开展监督检查工作。

2）因应对突发事件需要，县级以上市场监督管理部门可应急开展相关监督检查工作。

3）定期逐级上报年度检验检测机构监督检查机构等信息，并将检验检测机构违法行为查处情况通报实施资质认定的市场监督管理部门和同级相关行业主管部门。

4）依法公开监督检查结果，并将检验检测机构受到的行政处罚等信息纳入国家企业信用信息公示系统等平台。

5）县级以上市场监督管理部门发现检验检测机构存在不符合本办法规定，但无须追究行政和刑事法律责任的情形的，可采用说服教育、提醒纠正等非强制性手段予以处理。

市场监督管理部门可依法行使下列职权：

1）进入检验检测机构进行现场检查；

2）向检验检测机构、委托人等有关单位及人员询问、调查有关情况或者验证相关检验检测活动；

3）查阅、复制有关检验检测原始记录、报告、发票、账簿及其他相关资料；

4）法律、行政法规规定的其他职权。

2.3.3 资质认定分级实施

我国的检验检测机构资质认定制度由国家认证认可监督管理委员会和各省、自治区、直辖市人民政府资质认定部门分两级实施。

1）国家认证认可监督管理委员会负责国务院有关部门及相关行业主管部门依法设立的检验检测机构资质认定工作，包括 4 类机构：

（1）经国家事业单位登记管理局登记的事业单位法人；

（2）经国家市场监督管理总局登记注册或者核准名称的企业法人；

（3）国务院有关部门以及相关行业主管部门直属管辖的机构；

（4）国务院有关部门、相关行业主管部门、相关行业协会根据需要，与国家认证认可监督管理委员会共同确定纳入国家级资质认定管理范围的机构。

2）省级资质认定部门负责本行政区域内依法设立的检验检测机构的资质认定工作。

检验检测机构根据业务发展需要，在异地依法设立的分支机构（含分公司、子公司等），应向分支机构所在地省级资质认定部门申请检验检测机构资质认定。纳入国家认监委资质认定管理范围的检验检测机构，在异地依法设立的分支机构与总部实行统一管理体系的，可向国家认证认可监督管理委员会申请检验检测机构资质认定。

2.3.4 资质认定证书、标志、检验检测报告、证书和检验检测专用章

2.3.4.1 检验检测机构资质认定证书

1. 检验检测机构资质认定证书有效期

资质认定证书有效期为 6 年。

2. 检验检测机构资质认定证书内容

资质认定证书内容包括发证机关、获证机构名称和地址、检验检测能力范围、有效期限、证书编号、资质认定标志。

3. 检验检测机构资质认定证书式样

检验检测机构资质认定证书式样如图 2-1 所示。

4. 检验检测机构资质认定证书编号

检验检测机构资质认定证书编号由 12 位数字组成。

"第 1～2 位"为发证年份后两位代码。如 2015 年的代码为 15。

"第 3～4 位"为发证机关代码。国家认监委及省级质量技术监督部门的编码分别为 00 国家认监委、01 北京、02 天津、03 河北、04 山西、05 内蒙古、06 辽宁、07 吉林、08 黑龙江、09 上海、10 江苏、11 浙江、12 安徽、13 福建、14 江西、15 山东、16 河南、17 湖北、18 湖南、19 广东、20 广西、21 海南、22 重庆、23 四川、24 贵州、25

云南、26 西藏、27 陕西、28 甘肃、29 青海、30 宁夏、31 新疆。

"第 5～6 位"为专业领域类别代码：00 食品、01 建筑工程、02 建材、03 卫生计生、04 农林牧渔、05 机动车安检、06 公安刑事技术、07 司法鉴定、08 机械、09 电子信息、10 轻工、11 纺织服装、12 环境与环保、13 水质、14 化工、15 医疗器械、16 采矿冶金、17 能源、18 医学、19 生物安全、20 综合、21 其他（注：具备食品检验检测能力的机构一律按 00 类划分）。

"第 7～8 位"为行业主管部门代码：00 教育、01 工业和信息、02 公安、03 司法、04 国土资源、05 环保、06 住房与建设、07 交通、08 水利、09 农业、10 卫健委、11 技术监督、12 检验检疫、13 安全生产、14 食品药品、15 林业、16 中国科学院、17 粮食、18 国防科工、19 海洋、20 测绘、21 铁路、22 机械、23 化工、24 石油、25 电力、26 轻工、27 商贸、28 建材、29 供销、30 分析测试与冶金、31 有色、32 节能、33 军队、34 其他。

图 2-1　检验检测机构资质认定证书式样

"第 9～12 位"为发证流水号。从"0001"开始，按数字顺序排列。

5. 检验检测机构资质认定证书要求

资质认定部门应在其官方网站上公布取得资质认定的检验检测机构信息，并注明资质认定证书状态。

2.3.4.2　检验检测机构资质认定标志

1. 检验检测机构资质认定标志的组成

检验检测机构资质认定标志由 China Inspection Body and Laboratory Mandatory Approval 的英文缩写"CMA"形成的图案和资质认定证书编号组成（图 2-2）。

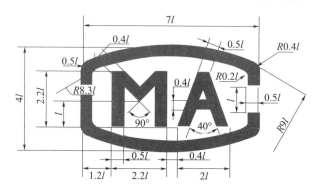

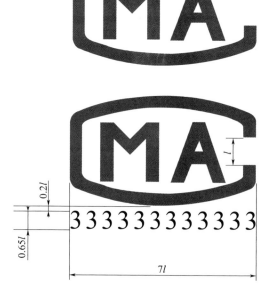

图 2-2　检验检测机构资质认定标志

2. 检验检测机构资质认定标志管理部门

检验检测机构资质认定标志管理部门负责对检验检测机构核发资质认定证书和资质认定标志。

3. 检验检测机构资质认定标志管理要求

1）检验检测机构向社会出具具有证明作用的检验检测数据、结果的，应当在其检验检测报告上标注资质认定标志。

2）检验检测机构不得转让、出租、出借资质认定证书或者标志；不得伪造、变造、冒用资质认定证书或者标志；不得使用已经过期或者被撤销、注销的资质认定证书或者标志。

3）检验检测机构应在其检验检测报告或证书和相关宣传资料中正确使用资质认定标志。资质认定标志应符合本要求规定的尺寸比例，并准确、清晰标注证书编号。资质认定标志的颜色建议为红色、蓝色或者黑色，标志上下部分的颜色应一致。

4）检验检测机构在资质认定证书确定的能力范围内，对社会出具具有证明作用的数据、结果时，应当标注资质认定标志。资质认定标志加盖（或印刷）在检验检测报告或证书封面上部适当位置。

5）检验检测机构应注重对检验检测机构资质认定标志使用的管理，建立并保存相关使用记录。

2.3.4.3　检验检测报告或证书

检验检测机构应当对检验检测原始记录和报告归档留存，保存期限不少于 6 年。涉及结构安全性的检验检测记录和报告应保存 20 年。电子文件应与相应的纸质文件材料一并存档保存。

1）取得检验检测机构资质认定的机构对其出具的检验检测报告或者证书负责，并承担相应法律责任。检验检测机构因自身原因导致检验检测结果错误、偏离或者其他后果的，应当自行承担相应解释、召回或者赔偿责任。涉及违反相关法律法规的，还应依法追究其相关法律责任。

2）检验检测机构应当在资质认定的能力范围内开展检验检测工作，不含检验检测方法的各类产品标准、限值标准可不列入检验检测机构资质认定的能力范围，但在出具检验检测报告或者证书时可作为判定依据使用。

3）未加盖资质认定标志（CMA）的检验检测报告、证书，不具有对社会的证明作用。检验检测机构接受相关业务委托，涉及未取得资质认定的项目，又需要对外出具检验检测报告、证书时，相关检验检测报告、证书不得加盖资质认定（CMA）标志，并应在报告显著位置注明"相关项目未取得资质认定，仅作为科研、教学或内部质量控制之用"或类似表述。

2.3.4.4　检验检测专用章

检验检测机构向社会出具具有证明作用的检验检测数据、结果的，应在其检验检测报告或证书上加盖检验检测专用章，用以表明该检验检测报告或证书由其出具，并由该检验检测机构负责。

1）检验检测专用章应表明检验检测机构完整的、准确的名称。检验检测专用章加盖在检验检测报告或证书封面的机构名称位置或检验检测结论位置，骑缝位置也应加盖检验检测专用章。

2）检验检测机构应加强对检验检测专用章管理，建立相应的责任制度和用章登记制度，安排专人负责保管和使用，用章记录资料要存档备查。

3）检验检测专用章的式样要经过本单位法人或法人授权人批准。

4）检验检测专用章的式样变更，须经过本单位法人或法人授权人批准。

5）检验检测专用章应含下列内容：本单位名称、"检验检测专用章"字样、五星标识。专用章形状通常为圆形。检验检测专用章式样如图 2-3 所示。

6）丢失检验检测专用章的，单位要及时声明作废。

图 2-3　检验检测专用章式样

2.3.5　首次评审、变更评审、扩项评审、复查换证评审、注销、撤销

2.3.5.1　首次评审

首次评审：对未获得资质认定的检验检测机构，在其建立和运行管理体系 3 个月后提出申请，资质认定部门对其机构主体、人员、场所环境、设备设施、管理体系等方面是否符合资质认定要求进行审查。

申请资质认定的检验检测机构应符合以下条件：

1）依法成立并能够承担相应法律责任的法人或者其他组织；

2）具有与其从事检验检测活动相适应的检验检测技术人员和管理人员；

3）具有固定的工作场所，工作环境满足检验检测要求；

4）具备从事检验检测活动所必需的检验检测设备设施；

5）具有并有效运行保证其检验检测活动独立、公正、科学、诚信的管理体系；

6）符合有关法律法规或者标准、技术规范规定的特殊要求。

2.3.5.2　变更评审

变更评审：对已获得资质认定的检验检测机构，其工作场所、技术能力等依法需要办理变更的事项发生变化，资质认定部门对其机构主体、人员、场所环境、设备设施、管理体系等方面是否符合资质认定要求进行审查。

有下列情形之一的，检验检测机构应当向资质认定部门申请办理变更手续：

1）机构名称、地址、法人性质发生变更的；

2）法定代表人、最高管理者、技术负责人、检验检测报告授权签字人发生变更的；

3）资质认定检验检测项目取消的；

4）检验检测标准或者检验检测方法发生变更的；

5）依法需要办理变更的其他事项。

检验检测机构申请无须现场确认的机构法定代表人、最高管理者、技术负责人、授权签字人等人员变更或无实质变化的有关标准变更时，可自我声明符合资质认定相关要求，并向市场监管总局或省级市场监管部门报备。

2.3.5.3 复查换证评审

复查换证评审：对已获得资质认定的检验检测机构，在资质认定证书有效期届满前3个月申请办理证书延续，资质认定部门对其机构主体、人员、场所环境、设备设施、管理体系等方面是否符合资质认定要求进行审查。

需要延续资质认定证书有效期的，应在其有效期届满3个月前提出申请。

资质认定部门根据检验检测机构的申请事项、自我声明和分类监管情况，采取书面审查或者现场评审（或远程评审）的方式进行技术评审，作出是否准予延续的决定。

对于上一许可周期内无违反市场监管法律、法规、规章行为的检验检测机构，资质认定部门可采取书面审查方式，对于符合要求的，予以延续资质认定证书有效期。

2.3.5.4 扩项评审

扩项评审：对已获得资质认定的检验检测机构，申请增加资质认定检验检测项目，资质认定部门对其机构主体、人员、场所环境、设备设施、管理体系等方面是否符合资质认定要求进行审查。

2.3.5.5 注销

检验检测机构有下列情形之一的，资质认定部门应依法办理注销手续：

1）资质认定证书有效期届满，未申请延续或者依法不予延续批准的；

2）检验检测机构依法终止的；

3）检验检测机构申请注销资质认定证书的；

4）法律法规规定应当注销的其他情形。

2.3.5.6 撤销

以欺骗、贿赂等不正当手段取得资质认定的，资质认定部门应依法撤销资质认定。被撤销资质认定证书的检验检测机构，3年内不得再次申请资质认定。

2.3.6 检验检测机构主体责任

2.3.6.1 检验检测机构法律责任

检验检测机构及其人员应当对其出具的检验检测报告负责，依法承担民事、行政和刑事法律责任。

2.3.6.2 检验检测机构社会责任

检验检测机构及其人员从事检验检测活动应当遵守法律、行政法规、部门规章的规定，遵循客观独立、公平公正、诚实信用原则，恪守职业道德，承担社会责任。

检验检测机构及其人员应当独立于其出具的检验检测报告所涉及的利益相关方，不受任何可能干扰其技术判断的因素影响，保证其出具的检验检测报告真实、客观、准确、完整。

2.3.7 资质认定监督管理

检验检测机构资质认定监督管理方式包括"双随机、一公开"监管、分类监管、重点监管、信用监管和事中事后监管等。

2.3.7.1 "双随机、一公开"监管

"双随机、一公开"是国务院办公厅于 2015 年 8 月发布的《国务院办公厅关于推广随机抽查规范事中事后监管的通知》（国办发〔2015〕58 号）中要求在全国全面推行的一种监管模式。"双随机、一公开"是指在监管过程中随机抽取检查对象，随机选派执法检查人员，抽查情况及查处结果并及时向社会公开。

"双随机、一公开"监管模式强调抽查的随机性，相较于过去由监管部门制定监管规则更加透明化和公开化，进一步促进了过程的公正性，保障了结果的公平性，实现了常态化、规范化、智能化、协同化、全面化的政府监管，构建了政府和监管客体间的公平互动，有利于促进政府与非政府组织协同监管的共治格局。

《市场监管总局关于进一步推进检验检测机构资质认定改革工作的意见》（国市监检测〔2019〕206 号）中要求：各省级市场监管部门要全面落实"双随机、一公开"监管要求，对社会关注度高、风险等级高、投诉举报多、暗访问题多的领域实施重点监管，加大抽查比例，严查伪造、出具虚假检验检测数据和结果等违法行为。对以告知承诺方式取得资质认定的机构承诺的真实性进行重点核查，发现虚假承诺或者承诺严重不实的，应当撤销相应资质认定事项，予以公布并记入其信用档案。

2.3.7.2 分类监管

1. 根据风险程度分类监管

检验检测风险在不同区域、领域或不同时期会有差异，资质认定部门应从实际出发，识别获得资质认定证书的检验检测机构的业务特点和风险点，逐步形成与实际情况相适应的风险管理机制。建筑安全等领域为风险程度较高领域。

2. 根据自我声明进行监管

鼓励检验检测机构通过自我声明，对有关质量体系的有效运行、技术能力的变更、分支机构的设立和运行等进行自我承诺，资质认定部门可先期信任此类承诺，减少或不进行现场评审，资质认定部门应对检验检测机构自我声明事项进行事后核查或根据举报进行调查，杜绝虚假自我声明的行为。

3. 根据投诉举报进行监管

对于检验检测机构违法违规行为的举报，资质认定部门经调查核实后，除按照行政处理、处罚程序进行相应处置外，还应将涉事检验检测机构的违法违规行为记录入其诚

信档案，加强对其后续跟踪和检查。

4. 其他监管方式

资质认定部门还应通过检验检测机构年度报告、"双随机"抽查专项监督检查、能力验证、统计制度或者利用国家认可机构的监督结果等其他监督管理方式，形成全国互联互通的监督管理模式。资质认定部门应进一步完善检验检测服务业统计制度，充分利用统计制度的基本信息，建立检验检测机构诚信档案数据库，并据此实施分类监管。

2.3.7.3　重点监管

对直接涉及公共安全和人民群众生命健康等特殊重点领域，依法依规实行全覆盖的重点监管，强化全过程质量管理，加强安全生产监管执法，严格落实生产、经营、使用、检测、监管等各环节质量和安全责任，守住质量和安全底线。

2.3.7.4　信用监管

将检验检测机构行政处罚信息等信用信息纳入国家企业信用信息公示系统等平台，推动检验检测监管信用信息归集、公示，也为下一步将检验检测违法、违规行为纳入经营异常目录和严重违法失信名单进行失信惩戒提供依据。

2.3.8　罚则

2.3.8.1　未取得资质认定擅自出具具有证明作用的数据、结果

检验检测机构未依法取得资质认定，擅自向社会出具具有证明作用的数据、结果的，依照法律、法规的规定执行；法律、法规未作规定的，由县级以上市场监督管理部门责令限期改正，处3万元罚款。

2.3.8.2　不当手段取得资质认定

1）以欺骗、贿赂等不正当手段取得资质认定的，资质认定部门应当依法撤销资质认定。被撤销资质认定的检验检测机构，3年内不得再次申请资质认定。

2）检验检测机构申请资质认定时提供虚假材料或者隐瞒有关情况的，资质认定部门应不予受理或不予许可。检验检测机构在1年内不得再次申请资质认定。

2.3.8.3　未按照规定办理变更手续和使用资质认定标志

检验检测机构有下列情形之一的，由县级以上市场监督管理部门责令限期改正；逾期未改正或改正后仍不符合要求的，处1万元以下罚款。

1）未按照《检验检测机构资质认定管理办法》第十四条规定办理变更手续的；

2）未按照《检验检测机构资质认定管理办法》第二十一条规定标注资质认定标志的。

检验检测机构违反《检验检测机构资质认定管理办法》规定，转让、出租、出借资质认定证书或者标志，伪造、变造、冒用资质认定证书或者标志，使用已经过期或被撤销、注销的资质认定证书或者标志的，由县级以上市场监督管理部门责令改正，处3万元以下罚款。

2.3.8.4　出具不实检验检测报告和虚假检验检测报告

1. 出具不实检验检测报告

检验检测机构出具的检验检测报告存在下列情形之一，并且数据、结果存在错误或

无法复核的，属于不实检验检测报告：

1）样品的采集、标识、分发、流转、制备、保存、处置不符合标准等规定，存在样品污染、混淆、损毁、性状异常改变等情形的；

2）使用未经检定或者校准的仪器、设备、设施的；

3）违反国家有关强制性规定的检验检测规程或方法的；

4）未按照标准等规定传输、保存原始数据和报告的。

出具不实检验检测报告的，法律、法规对撤销、吊销、取消检验检测资质或者证书等有行政处罚规定的，依照法律、法规的规定执行；法律、法规未作规定的，由县级以上市场监督管理部门责令限期改正，处 3 万元罚款。

2. 出具虚假检验检测报告

检验检测机构出具的检验检测报告存在下列情形之一的，属于虚假检验检测报告：

1）未经检验检测的；

2）伪造、变造原始数据、记录或未按照标准等规定采用原始数据、记录的；

3）减少、遗漏或者变更标准等规定的应检验检测的项目或改变关键检验检测条件的；

4）调换检验检测样品或改变其原有状态进行检验检测的；

5）伪造检验检测机构公章或者检验检测专用章，或者伪造授权签字人签名或者签发时间的。

出具虚假检验检测报告的，法律、法规对撤销、吊销、取消检验检测资质或者证书等有行政处罚规定的，依照法律、法规的规定执行；法律、法规未作规定的，由县级以上市场监督管理部门责令限期改正，处 3 万元罚款。

2.3.8.5　其他违规情形

1）检验检测机构有下列情形之一的，法律、法规对撤销、吊销、取消检验检测资质或者证书等有行政处罚规定的，依照法律、法规的规定执行；法律、法规未作规定的，由县级以上市场监督管理部门责令限期改正，处 3 万元罚款：

（1）基本条件和技术能力不能持续符合资质认定条件和要求，擅自向社会出具具有证明作用的检验检测数据、结果的；

（2）超出资质认定证书规定的检验检测能力范围，擅自向社会出具具有证明作用的数据、结果的。

2）检验检测机构有下列情形之一的，由县级以上市场监督管理部门责令限期改正；逾期未改正或改正后仍不符合要求的，处 3 万元以下罚款：

（1）违反《检验检测机构监督管理办法》第八条第一款规定进行检验检测的；

（2）违反《检验检测机构监督管理办法》第十条规定分包检验检测项目，或应注明而未注明的；

（3）违反《检验检测机构监督管理办法》第十一条第一款规定，未在检验检测报告上加盖检验检测机构公章或者检验检测专用章，或者未经授权签字人签发或者授权签字人超出其技术能力范围签发的。

2.4 资质认定通用要求

2.4.1 组织

检验检测机构应是依法成立并能承担相应法律责任的法人或其他组织。

2.4.1.1 检验检测机构或者其所在的组织应有明确的法律地位,对其出具的检验检测数据、结果负责,并承担法律责任。不具备独立法人资格的检验检测机构应当经所在法人单位授权。

1) 检验检测机构应有法人注册登记或授权批准文件、法定代表人的授权任命文件、独立的建制文件、独立账号等可以确定是否属于依法成立的组织,对于非独立法人需要法人代表的授权文件,在授权范围内行使代理权。

其他组织包括:依法取得工商行政机关颁发的营业执照的企业法人分支机构、私营独资企业、特殊普通合伙企业、民政部门登记的民办非企业单位(法人)等符合法律法规规定的机构。若检验检测机构是机关或者事业单位的内设机构,不具备法人资格,可由其法人授权申请检验检测机构资质认定。其对外出具的检验检测报告或者证书的法律责任由其所在法人单位承担,并予以明示。

2) 生产企业内部的检验检测机构如施工单位、监理单位内部实验室不在检验检测机构资质认定范围内。生产企业(施工单位、监理单位)出资设立的具有法人资格的检验检测机构可以申请检验检测机构资质认定,应当遵循检验检测机构客观独立、公正公开、诚实守信的相关从业规定。

2.4.1.2 检验检测机构应当以公开方式对其遵守法定要求、独立公正从业、履行社会责任、严守诚实信用等情况进行自我承诺。

2.4.1.3 检验检测机构应当独立于其出具的检验检测数据、结果所涉及的利益相关方,不受任何可能干扰其技术判断的因素影响,保证检验检测数据、结果公正准确、可追溯。

2.4.1.4 检验检测机构及其人员应当对其在检验检测活动中所知悉的国家秘密、商业秘密负有保密义务,并制定实施相应的保密措施。

2.4.2 人员

人员是实验室检测工作的主体,检验检测机构应具有与其从事检验检测活动相适应的检验检测技术人员和管理人员,包括最高管理者、技术负责人、质量负责人、授权签字人、质量监督员、内审员和检验检测人员等。

2.4.2.1 总要求

检验检测机构与其人员建立劳动关系应符合《中华人民共和国劳动法》《中华人民共和国劳动合同法》的有关规定,法律、行政法规对检验检测人员执业资格或禁止从业另有规定的,依照其规定。

检验检测机构人员的受教育程度、专业技术背景和工作经历、资历资格、技术能力应符合工作需要。

从事检验检测活动的人员，不得在两个以上检验检测机构同时从业。

2.4.2.2　技术负责人

检验检测机构的技术负责人应具有中级及以上专业技术职称或同等能力，全面负责技术运作。以下情况可视为同等能力：

1）博士研究生毕业，从事相关专业检验检测活动 1 年及以上；

2）硕士研究生毕业，从事相关专业检验检测活动 3 年及以上；

3）大学本科毕业，从事相关专业检验检测活动 5 年及以上；

4）大学专科毕业，从事相关专业检验检测活动 8 年及以上。

2.4.2.3　质量负责人

机构的质量负责人，应具有 3 年以上的检验检测管理经历，应经过机构质量管理和内部审核的相关培训并考核合格。

2.4.2.4　授权签字人

检验检测授权签字人应符合相关技术能力要求。法律、行政法规对检验检测人员或授权签字人的执业资格或禁止从业另有规定的，依照其规定。检验检测机构的授权签字人应具有中级及以上专业技术职称或同等能力，并符合相关技术能力要求。

以下情况可视为同等能力：

1）博士研究生毕业，从事相关专业检验检测活动 1 年及以上；

2）硕士研究生毕业，从事相关专业检验检测活动 3 年及以上；

3）大学本科毕业，从事相关专业检验检测活动 5 年及以上；

4）大学专科毕业，从事相关专业检验检测活动 8 年及以上。

非授权签字人不得签发检验检测报告或证书。

1. 授权签字人的任职条件

1）熟悉检验检测机构相关的法律法规；

2）具有中级及以上专业技术职称或者同等能力；

3）具备从事相关专业检验检测的工作经历，掌握所承担签字领域的检验检测技术，熟悉所承担签字领域的相应标准、规程或技术规范；

4）熟悉和掌握有关仪器设备的检定/校准状态；

5）熟悉和掌握对签字范围内所使用的检验检测方法及测量不确定度评定要求；

6）熟悉和掌握对签字范围内所使用的检验检测设备测量的准确度和（或）测量的不确定度，并符合检验检测相应的标准、规程和规范要求；

7）掌握本检验检测机构运作情况，特别是与检验检测过程密切相关的各程序接口和相互之间的关系；

8）熟悉在管理体系中的职责和权限；

9）熟悉检验检测报告或证书签发程序，具备对检验检测数据、结果作出评价的判断能力；

10）熟悉检验检测机构管理和技术相关法律法规的规定，熟悉检验检测机构管理和技术相关标准及其文件的要求；

11）获得其所在检验检测机构的授权。

2. 授权签字人的职责

1）授权签字人应在被授权的范围内签发检验检测报告或证书，并保留相关记录。

2）授权签字人应审核所签发报告或证书使用标准的有效性，保证按照检验检测标准开展相关的检验检测活动。

3）授权签字人应对检验检测数据和结果的真实性、客观性、准确性、可追溯性负责。

4）授权字人对签发的检验检测报告具有最终的技术审查职责，对不符合要求的结果和报告或证书具有否决权。

3. 授权签字人的责任

1）授权签字人对签发的报告或证书承担相应法律责任，要对检验检测主管部门、本检验检测机构和客户负责。

2）对符合法律法规和评审标准的要求负责。

3）授权签字人一般不设代理人，但可以在相同专业领域设置 2 个以上授权签字人。不允许超越授权范围签发报告或证书。

2.4.3　工作场所

检验检测机构应当具有固定的工作场所，工作环境符合检验检测要求。

1）检验检测机构具有符合标准或者技术规范要求的检验检测场所，包括固定的、临时的、可移动的或者多个地点的场所。

2）检验检测工作环境及安全条件符合检验检测活动要求。

2.4.4　设备设施

检验检测机构应当具备从事检验检测活动所必需的检验检测设备设施。

1）检验检测机构应当配备具有独立支配使用权、性能符合工作要求的设备和设施。

2）检验检测机构应当对检验检测数据、结果的准确性或者有效性有影响的设备（包括用于测量环境条件等辅助测量设备）实施检定、校准或核查，保证数据、结果满足计量溯源性要求。

3）检验检测机构如使用标准物质，应满足计量溯源性要求。

2.4.5　管理体系

检验检测机构应当建立保证其检验检测活动独立、公正、科学、诚信的管理体系，并确保该管理体系能够得到有效、可控、稳定实施，持续符合检验检测机构资质认定条件及相关要求。

1）检验检测机构应当依据法律法规、标准（包括但不限于国家标准、行业标准、国际标准）的规定制定完善的管理体系文件，包括政策、制度、计划、程序和作业指导书等。检验检测机构建立的管理体系应当符合自身实际情况并有效运行。

2）检验检测机构应当依法开展有效的合同审查。对相关要求、标书、合同的偏离、变更应当征得客户同意并通知相关人员。

3）检验检测机构选择和购买的服务、供应品应当符合检验检测工作需求。

4）检验检测机构能正确使用有效的方法开展检验检测活动。检验检测方法包括标准方法和非标准方法，应当优先使用标准方法。使用标准方法前应当进行验证；使用非标准方法前，应当先对方法进行确认，再验证。

5）当检验检测标准、技术规范或者声明与规定要求的符合性有测量不确定度要求时，检验检测机构应当报告测量不确定度。

6）检验检测机构出具的检验检测报告，应当客观真实、方法有效、数据完整、信息齐全、结论明确、表述清晰并使用法定计量单位。

7）检验检测机构应当对质量记录和技术记录的管理作出规定，包括记录的标识、贮存、保护、归档留存和处置等内容。记录信息应当充分、清晰、完整。检验检测原始记录和报告保存期限不少于 6 年。

8）检验检测机构在运用计算机信息系统实施检验检测、数据传输或者对检验检测数据和相关信息进行管理时，应当具有保障安全性、完整性、正确性措施。

9）检验检测机构应当实施有效的数据、结果质量控制活动，质量控制活动与检验检测工作相适应。数据、结果质量控制活动包括内部质量控制活动和外部质量控制活动。内部质量控制活动包括但不限于人员比对、设备比对、留样再测、盲样考核等。外部质量控制活动包括但不限于能力验证、实验室间比对等。

2.5 资质认定程序

检验检测机构资质认定程序分为一般程序和告知承诺程序。除法律、行政法规或国务院规定必须采用一般程序或告知承诺程序的外，检验检测机构可自主选择资质认定程序。

2.5.1 一般程序

检验检测机构资质认定一般程序流程包括申请、受理、技术评审、整改、许可决定。

2.5.1.1 申请

申请资质认定的检验检测机构，应当向市场监督总局或省级市场监督管理部门提交书面申请和相关材料，并对其真实性负责。

资质认定事项申请材料明细见表 2-1。

表 2-1 资质认定事项申请材料明细

序号	资质认定事项	申请材料名称
1	首次申请	（1）检验检测机构资质认定申请书； （2）法人机构证书或设立批文； （3）典型检验检测报告或证书； （4）从事特殊领域检验检测人员资质证明（适用时）； （5）固定场所产权/使用权证明文件； （6）质量手册及程序文件

序号	资质认定事项	申请材料名称
2	有效期届满申请延续	（1）检验检测机构资质认定申请书； （2）法人机构证书或设立批文（有变化时）； （3）典型检验报告（有变化时）； （4）从事特殊领域检验检测人员资质证明（适用时）； （5）固定场所产权/使用权证明文件（有变化时）； （6）质量手册及程序文件
3	申请增加检验检测项目	（1）检验检测机构资质认定申请书； （2）典型检验报告； （3）从事特殊领域检验检测人员资质证明（适用时）； （4）固定场所产权/使用权证明文件（有变化时）
4	申请变更机构名称、地址、法人性质	（1）检验检测机构资质认定名称变更审批表； （2）检验检测机构资质认定地址名称变更审批表； （3）检验检测机构资质认定法人名称变更审批表； （4）名称、地址、法人性质变化的有关证明文件
5	申请变更法定代表人、最高管理者、技术负责人、检验检测报告授权签字人	（1）检验检测机构资质认定人员变更备案表； （2）检验检测机构资质认定授权签字人变更备案表
6	申请变更检验检测项目（包括取消检验检测能力、检验检测标准或方法变更）	（1）检验检测机构资质认定标准（方法）变更审批表； （2）检验检测机构资质认定取消检验检测能力审批表

1）检验检测机构资质认定申请书及附表。

检验检测机构资质认定申请书（附录 A）包含检验检测机构概况、申请类型、申请资质认定的专业类别、检验检测机构资源、附表、希望评审时间、检验检测机构自我承诺等。

检验检测机构有直接主管部门的，应在申请书概况中明确填写相关信息，封面需要加盖检验检测机构公章和上级主管部门公章（如果有）。

申请书中填写的检验检测机构名称与单位公章名称要完全一致，地址应与提供的产权证书或证明材料上地址一致；检验检测机构自我承诺需要单位法定代表人或被授权人签名。

2）典型检验检测报告或证书。

每个类别检验检测项目需提供 1 份检验检测报告，典型检验检测报告要有代表性，可以是存档报告复印件或扫描件，本认证周期内不对外开展检验检测工作的可提供模拟报告。

3）法人证照。

检验检测机构应是依法成立并能承担相应法律责任的法人或其他组织。检验检测机构或其所在的组织应有明确的法律地位，对其出具的检验检测数据、结果负责，并承担法律责任。不具备独立法人资格的检验检测机构应经所在法人单位授权。

独立法人机构提供企业营业执照或法人登记/注册证书；非独立法人机构提供所属

法人单位法人地位证明文件、检验检测机构设立批文、法人授权文件、最高管理者的任命文件；所有证照均需在有效期内，如果是复印件，均需要加盖单位公章。

法人证照经营范围应满足公正性检验检测的要求。

4）固定场所文件。

检测检验机构工作场所性质包括自有产权、上级配置、出资方调配、租赁等，无论是哪种性质，均需提供相关的证据，证明工作场所合法且对其具有完全的使用权，如检测检验机构固定场所不动产权属证书、使用权证明材料、租赁协议等，提交的证明材料上地址应与申请书中地址相一致。如果是复印件，要加盖单位公章。

5）质量手册、程序文件。

《质量手册》的条款应包括《检验检测机构资质认定评审准则》的相关规定。质量方针明确，质量目标可测量、具有操作性，质量职能明确。管理体系描述清楚，要素阐述简明、切实，文件之间接口关系明确。质量活动处于可控状态；管理体系能有效运行并进行自我改进。

6）资质认定证书复印件。

7）从事特殊领域检验检测人员资质证明（适用时）；其他证明材料（适用时）。

技术负责人、授权签字人及特定领域的检验检测人员（如无损检测人员等）的职称和工作经历证明文件。如培训上岗证明等。

2.5.1.2 受理

资质认定部门应对申请人提交的申请和相关材料进行初审，自收到之日起 5 个工作日内作出受理或不予受理的决定，并书面告知申请人。

2.5.1.3 技术评审

资质认定部门自受理申请之日起，应在 30 个工作日内，依据检验检测机构资质认定基本规范、评审准则的要求，完成对申请人的技术评审。技术评审包括书面审查、远程评审和现场评审（具体内容见 2.6 节）。技术评审时间不计算在资质认定期限内，资质认定部门应当将技术评审时间告知申请人。由于申请人整改或其他自身原因导致无法在规定时间内完成的情况除外。

2.5.1.4 整改

评审组在技术评审中发现有不符合要求的，应书面通知申请人限期整改，整改期限不得超过 30 个工作日。逾期未完成整改或整改后仍不符合要求的，相应评审项目应判定为不合格。

2.5.1.5 许可决定

资质认定部门自收到技术评审结论之日起，应当在 10 个工作日内，作出是否准予许可的书面决定。准予许可的，自作出决定之日起 7 个工作日内，向申请人颁发资质认定证书。不予许可的，应当书面通知申请人，并说明理由。

2.5.2 告知承诺程序

告知承诺是指检验检测机构提出资质认定申请，国家市场监督管理总局或者省级市场监督管理部门一次性告知其所需资质认定条件和要求及相关材料，检验检测机构以书面形式承诺其符合法定条件和技术能力要求，由资质认定部门作出资质认定决定的方式。

在检验检测机构资质认定工作中，对于检验检测机构能自我承诺符合告知的法定资质认定条件，市场监管总局和省级市场监管部门通过事中事后予以核查纠正的许可事项，采取告知承诺方式实施资质认定。具体工作按国务院有关要求和市场监管总局制定的《检验检测机构资质认定告知承诺实施办法（试行）》（国市监检测〔2019〕206 号）实施。

采用告知承诺程序实施资质认定的，按照市场监督管理总局有关规定执行。资质认定部门作出许可决定前，申请人有合理理由的，可撤回告知承诺申请。告知承诺申请撤回后，申请人再次提出申请的，应当按一般程序办理。

检验检测机构首次申请资质认定、申请延续资质认定证书有效期、增加检验检测项目、检验检测场所变更时，可选择以告知承诺方式取得相应资质认定。特殊食品、医疗器械检验检测除外。

2.5.2.1　告知承诺申请

1. 检验检测机构资质认定告知承诺书

采用告知承诺方式复查评审的，申请前需提交由法定代表人签字、单位盖章的检验检测机构资质认定告知承诺书。检验检测机构资质认定告知承诺书由国家市场监督管理总局统一制定（附录F）。

2. 申请渠道及材料

检验检测机构可通过登录资质认定部门网上审批系统或现场提交加盖机构公章的告知承诺书及符合要求的相关申请材料。

2.5.2.2　告知承诺受理

资质认定部门应自收到机构申请之日起 5 个工作日内作出是否受理的决定，告知承诺书和相关申请材料不齐全或不符合法定形式的，资质认定部门应当一次性告知申请机构需要补正的全部内容。

告知承诺书一式两份，由资质认定部门和申请机构各自留档保存，鼓励申请机构主动公开告知承诺书。

2.5.2.3　告知承诺决定及颁发资质认定证书

申请机构在规定时间内提交的申请材料齐全、符合法定形式的，资质认定部门应当场作出资质认定决定。

资质认定部门应当自作出资质认定决定之日起 7 个工作日内，向申请机构颁发资质认定证书。

2.5.2.4　告知承诺现场核查

1）资质认定部门作出资质认定决定后，应在 3 个月内组织相关人员按照《检验检测机构资质认定管理办法》有关技术评审管理的规定及评审准则的相关要求，对机构承诺内容是否属实进行现场核查，并作出相应核查判定。

2）对于机构首次申请或者检验检测项目涉及强制性标准、技术规范的，应当及时进行现场核查。

3）现场核查人员应当在规定时限内出具现场核查结论，并对其承担的核查工作和核查结论的真实性、符合性负责，依法承担相应法律责任。

4）检验检测机构资质认定告知承诺依据《检验检测机构资质认定告知承诺实施办法（试行）》和有关规定实施。应当对检验检测机构承诺的真实性进行现场核查。

5）告知承诺的现场核查程序参照一般程序的现场评审方式进行。

2.5.2.5 告知承诺评审结论

告知承诺现场核查应当由资质认定部门组织实施，现场核查人员应当在规定的时限内进行核查并出具现场核查结论。

核查结论分为"承诺属实""承诺基本属实""承诺严重不实/虚假承诺"3种情形。根据相应结论，由核查组通知申请人整改或向资质认定部门作出撤销相应许可事项的建议。

2.5.2.6 检验检测机构责任

1）对于机构作出虚假承诺或者承诺内容严重不实的，由资质认定部门依照《行政许可法》的相关规定撤销资质认定证书或者相应资质认定事项，并予以公布。

2）被资质认定部门依法撤销资质认定证书或者相应资质认定事项的检验检测机构，其基于本次行政许可取得的利益不受保护，对外出具的相关检验检测报告不具有证明作用，并承担因此引发的相应法律责任。

3）对于检验检测机构作出虚假承诺或承诺内容严重不实的，由资质认定部门记入其信用档案，该检验检测机构不再适用告知承诺的资质认定方式。

4）以告知承诺方式取得资质认定的检验检测机构发生违法违规行为的，依照法律法规的相关规定，予以处理。

2.5.3 一般程序审查（告知承诺核查）表

《检验检测机构资质认定评审准则》附件4中给出了一般程序审查（告知承诺核查）表（表2-2）。其中，一般程序中，带"＊"号条款出现不符合的，审查结论为不符合。告知承诺程序中，带"＊"条款出现不符合的，核查结论为"承诺严重不属实/虚假承诺"。

带"＊"条款共5个，分别如下：

第2.8.1条款："检验检测机构或者其所在的组织应当有明确的法律地位，对其出具的检验检测数据、结果负责，并承担法律责任。不具备独立法人资格的检验检测机构应当经所在法人单位授权。"

该条款设为否决项，凸显新准则对机构法律地位的重视程度，以契合全面依法治国的精神。

第2.9.1条款："检验检测机构与其人员建立劳动关系应当符合《中华人民共和国劳动法》《中华人民共和国劳动合同法》的有关规定，法律、行政法规对检验检测人员执业资格或者禁止从业另有规定的，依照其规定。"

该条款规定意味着劳务派遣用工不应承担检测员、授权签字人等关键技术岗位，因为《中华人民共和国劳动合同法》第六十六条规定，"劳动合同用工是我国的企业基本用工形式。劳务派遣用工是补充形式，只能在临时性、辅助性或者替代性的工作岗位上实施"，且应控制劳务派遣人员占用工总量的比例。允许使用退休返聘人员，但应签订书面协议。特种设备检验人员、无损检测人员必须取得相关职业资格证明。

该条款在附件4中设置为否决项，体现了新准则对人员使用合法性的重视程度。

第2.10.1条款："检验检测机构具有符合标准或者技术规范要求的检验检测场所，包括固定的、临时的、可移动的或者多个地点的场所。"

该条款新增了"检验检测机构的工作场所与"检验检测机构资质认定申请书"填写的工作场所地址一致"的规定，即固定的工作场所地址应与营业执照登记的注册地址一致，不一定是具体实验室地址；新增了"检验检测机构对工作场所具有完全的使用权，并能提供证明文件。如租用、借用场地，期限不少于1年"，以防止部分检验检测机构临时租赁场所应付资质认定评审。

第2.11.1条款："检验检测机构应当配备具有独立支配使用权、性能符合工作要求的设备和设施。"

该条款在附件4中设置为否决项。重点考察设备设施是否满足"独立支配使用"和"性能符合工作要求"2点，而不仅是配备种类和数量。

第2.12.4条款："检验检测机构能正确使用有效的方法开展检验检测活动。检验检测方法包括标准方法和非标准方法，应当优先使用标准方法。使用标准方法前应当进行验证；使用非标准方法前，应当先对方法进行确认，再验证。"

该条款指明"新引入或者变更"的标准方法要进行方法验证；非标准方法在使用前由原准则的"确认"变为了"确认，再验证"，即先经过资深专业人员的技术判断，确定非标方法可用于预期用途，再考察实验室人、机、料、法、环各方面条件是否满足非标方法的要求，证实实验室有能力按照非标方法测得相应结果，并且不再提及自制方法、客户建议的方法。该条款实质上提高了非标方法的使用要求。

该条款在附件4中设置为否决项，因为方法控制对检验检测数据、结果有很大影响，是检验检测机构应关注的重点。

表2-2 《检验检测机构资质认定评审准则》一般程序审查（告知承诺核查）表

条款	序号	具体审查（核查）内容	审查（核查）结论（在□中打√）		
			符合	基本符合	不符合
2		评审内容与要求			
2.8		检验检测机构应当是依法成立并能够承担相应法律责任的法人或者其他组织			
2.8.1*		检验检测机构或者其所在的组织应当有明确的法律地位，对其出具的检验检测数据、结果负责，并承担法律责任。不具备独立法人资格的检验检测机构应当经所在法人单位授权	□	□	□
	1）	检验检测机构是法人机构的应当依法进行登记。企业法人注册经营范围不得包含生产、销售等影响公正性的内容			
	2）	检验检测机构是其他组织（包括法人分支机构）的应当依法进行登记			
	3）	法人、其他组织登记、注册的机构名称、地址应当与资质认定申请书一致，且登记、注册证书在有效期内			
	4）	法定代表人不担任检验检测机构最高管理者的，应当对检验检测机构的最高管理者进行授权，并明确法律责任			

条款	序号	具体审查（核查）内容	审查（核查）结论（在□中打√）		
			符合	基本符合	不符合
2.8.2		检验检测机构应当以公开方式对其遵守法定要求、独立公正从业、履行社会责任、严守诚实信用等情况进行自我承诺	□	□	□
	5)	检验检测机构应当真实、全面、准确地自我承诺其遵守法定要求、独立公正从业、履行社会责任、严守诚实信用等情况			
2.8.3		检验检测机构应当独立于其出具的检验检测数据、结果所涉及的利益相关方，不受任何可能干扰其技术判断的因素影响，保证检验检测数据、结果公正准确、可追溯	□	□	□
	6)	检验检测机构或其所在法人组织还从事检验检测以外的活动的，检验检测机构应当独立运作，并识别、消除与其他部门或岗位可能存在影响其判断的独立性和诚实性的风险			
2.8.4		检验检测机构及其人员应当对其在检验检测活动中所知悉的国家秘密、商业秘密负有保密义务，并制定实施相应的保密措施	□	□	□
	7)	检验检测机构制定并实施必要的保密制度和措施，使其人员对其在检验检测活动中所知悉的国家秘密、商业秘密履行保密义务			
2.9		检验检测机构应当具有与其从事检验检测活动相适应的检验检测技术人员和管理人员			
2.9.1*		检验检测机构与其人员建立劳动关系应当符合《中华人民共和国劳动法》《中华人民共和国劳动合同法》的有关规定，法律、行政法规对检验检测人员执业资格或者禁止从业另有规定的，依照其规定	□	□	□
	8)	检验检测机构人员均应当签订劳动、聘用合同，且符合相关法律法规的规定			
2.9.2		检验检测机构人员的受教育程度、专业技术背景和工作经历、资质资格、技术能力应当符合工作需要	□	□	□
	9)	检验检测机构具有为保证管理体系的有效运行、出具正确检验检测数据、结果所需的技术人员和管理人员（包括最高管理者、技术负责人、质量负责人、授权签字人等）			
	10)	检验检测机构技术人员和管理人员的结构、数量、受教育程度、理论基础、技术背景和经历、实际操作能力、职业素养等符合工作类型、工作范围和工作量的需要			
	11)	检验检测机构的技术负责人负责检验检测机构的全部技术活动范围			
	12)	技术负责人具有中级及以上相关专业技术职称或者同等能力。同等能力是指博士研究生毕业，从事相关专业检验检测活动1年及以上；硕士研究生毕业，从事相关专业检验检测活动3年及以上；大学本科毕业，从事相关专业检验检测活动5年及以上；大学专科毕业，从事相关专业检验检测活动8年及以上			
	13)	质量负责人、技术负责人、授权签字人符合管理体系任职要求、授权条件，具有任职文件，有充分的证据证明其能力持续符合要求			
2.9.3		检验检测报告授权签字人应当具有中级及以上相关专业技术职称或者同等能力，并符合相关技术能力要求	□	□	□

条款	序号	具体审查（核查）内容	审查（核查）结论（在□中打√）		
			符合	基本符合	不符合
	14)	检验检测报告授权签字人具有中级及以上相关专业技术职称或者同等能力。同等能力是指博士研究生毕业，从事相关专业检验检测活动1年及以上；硕士研究生毕业，从事相关专业检验检测活动3年及以上；大学本科毕业，从事相关专业检验检测活动5年及以上；大学专科毕业，从事相关专业检验检测活动8年及以上			
	15)	检验检测报告授权签字人的授权文件明确规定授权签字人签字范围，授权签字人的工作经历和教育背景与授权文件规定的签发报告范围相适应，授权签字人的能力胜任所承担的工作			
2.10		检验检测机构应当具有固定的工作场所，工作环境符合检验检测要求			
2.10.1*		检验检测机构具有符合标准或者技术规范要求的检验检测场所，包括固定的、临时的、可移动的或者多个地点的场所	□	□	□
	16)	检验检测机构的工作场所与"检验检测机构资质认定申请书"填写的工作场所地址一致			
	17)	检验检测机构对工作场所具有完全的使用权，并能提供证明文件。如租用、借用场地，期限不少于1年			
2.10.2		检验检测工作环境及安全条件符合检验检测活动要求	□	□	□
	18)	检验检测机构的场所符合开展检验检测相应标准或者技术规范要求			
	19)	标准或者技术规范对开展检验检测活动的环境条件有要求，或者当环境条件影响检验检测结果质量时，检验检测机构应当对环境条件进行监测、控制和记录，使其持续符合标准或者技术规范要求			
	20)	检验检测机构应当有效识别检验检测活动所涉及的安全因素（如危险化学品的规范存储和领用、危废处理的合规性、气瓶的安全管理和使用等），并设置必要的防护设施、应急设施，制定相应预案			
2.11		检验检测机构应当具备从事检验检测活动所必需的检验检测设备设施			
2.11.1*		检验检测机构应当配备具有独立支配使用权、性能符合工作要求的设备和设施	□	□	□
	21)	检验检测机构应当配备符合开展检验检测（包括抽样、样品制备、数据处理与分析等）工作要求的设备和设施			
	22)	检验检测机构使用租用、借用的设备设施申请资质认定的，应当有合法的租用、借用合同，租用、借用期限不少于1年，并对租用、借用的设备设施具有完全的使用权、支配权。同一台设备设施不得共同租用、借用、使用			
2.11.2		检验检测机构应当对检验检测数据、结果的准确性或者有效性有影响的设备（包括用于测量环境条件等辅助测量设备）实施检定、校准或核查，保证数据、结果满足计量溯源性要求	□	□	□

续表

条款	序号	具体审查（核查）内容	审查（核查）结论（在□中打√）		
			符合	基本符合	不符合
	23)	对检验检测数据、结果有影响的设备（包括仪器、软件、测量标准、标准物质、参考数据、试剂、消耗品、辅助设备或相应组合装置），投入使用前应当实施核查、检定或者校准及周期核查、检定或者校准； 设备检定或者校准应当满足计量溯源性要求； 设备的核查、使用、维护、保管、运输等应符合相应的程序以确保其溯源的有效性			
	24)	对检定、校准或核查的结果进行计量确认，确保其满足预期使用要求。包括溯源文件的有效性、检定、校准或核查的结果与预期使用的计量要求相比较以及所要求的标识。 所有修正信息得到有效利用、更新和备份。 无法溯源到国家或国际测量标准时，检验检测机构应当保留检验检测结果相关性或准确性的证据。 检验检测机构的参考标准及其使用应满足溯源要求			
2.11.3		检验检测机构如使用标准物质，应当满足计量溯源性要求	□	□	□
	25)	若使用标准物质，应当满足计量溯源性要求，可能时，溯源到SI单位或者有证标准物质			
2.12		检验检测机构应当建立保证其检验检测活动独立、公正、科学、诚信的管理体系，并确保该管理体系能够得到有效、可控、稳定实施，持续符合检验检测机构资质认定条件以及相关要求			
2.12.1		检验检测机构应当依据法律法规、标准（包括但不限于国家标准、行业标准、国际标准）的规定制定完善的管理体系文件，包括政策、制度、计划、程序和作业指导书等。检验检测机构建立的管理体系应当符合自身实际情况并有效运行	□	□	□
	26)	检验检测机构建立的管理体系与机构自身实际情况相适应。 检验检测机构应当提供其管理体系有效运行的证据			
	27)	检验检测机构建立的管理体系文件包含政策、制度、计划、手册、程序和作业指导书，以恰当的文件形式体现。文件形式包括但不限于质量手册、程序文件、作业指导书等			
	28)	检验检测机构建立的管理体系应当有效运行，具有体系运行相应的记录。 a）管理体系文件标识、批准、发布、变更和废止控制记录； b）客户投诉的接收、确认、调查、处理和服务客户记录； c）检验检测不符合工作的处理记录； d）检验检测机构采取纠正措施、应对风险和机遇的措施和改进记录； e）检验检测样品全过程控制记录； f）检验检测机构管理体系内部审核记录； g）检验检测机构管理评审记录			
	29)	检验检测机构建立的管理体系应当对机构组织结构、岗位职责、任职要求和能力确认作出规定。 检验检测机构依据管理体系建立的人员技术档案内容包括不限于教育背景、培训经历、资格确认、授权、监督的相关记录。 检验检测机构依据管理体系规定开展人员的管理、技术、安全培训，并保存培训记录			
2.12.2		检验检测机构应当开展有效的合同评审。对相关要求、标书、合同的偏离、变更应当征得客户同意并通知相关人员	□	□	□
	30)	检验检测机构建立的管理体系包含对评审客户要求、标书、合同的偏离、变更作出规定的内容			
	31)	检验检测机构的管理体系包含对分包和使用判定规则的相关规定			

续表

条款	序号	具体审查（核查）内容	审查（核查）结论（在□中打√）		
			符合	基本符合	不符合
2.12.3		检验检测机构选择和购买的服务和供应品应当符合检验检测的工作需求	□	□	□
	32)	检验检测机构应当对选择和购买的服务和供应品符合检验检测工作需求作出规定并有效实施，确保服务和供应品符合检验检测工作需求			
2.12.4 *		检验检测机构能正确使用有效的方法开展检验检测活动。检验检测方法包括标准方法和非标准方法，应当优先使用标准方法。使用标准方法前应当进行验证；使用非标准方法前，应当先对方法进行确认，再验证	□	□	□
	33)	检验检测机构对新引入或者变更的标准方法进行方法验证并保留方法验证记录，方法验证记录可以证明人员、环境条件、设备设施和样品符合相应方法要求，检验检测的数据、结果质量得到有效控制。检验检测机构在使用非标方法前应当进行确认、验证，并保留相关方法确认记录和方法验证记录			
	34)	检验检测机构根据所开展检验检测活动需要制定作业指导书，如设备操作规程、样品的制备程序、补充的检验检测细则等。作业指导书与检验检测机构开展的检验检测活动相适应			
	35)	检验检测机构的管理体系包含对检验检测方法定期查新和保留查新记录作出规定的内容。检验检测机构保留查新记录，证明所用方法正确有效			
2.12.5		当检验检测标准、技术规范或者声明与规定要求的符合性有测量不确定度要求时，检验检测机构应当报告测量不确定度	□	□	□
	36)	检验检测机构的管理体系包含对报告检验检测结果测量不确定度作出规定的内容			
	37)	检验检测机构开展检验检测活动所依据的方法中有不确定度要求或声明与规定要求的符合性有测量不确定度要求时，检验检测机构根据管理体系的规定报告不确定度并保留记录			
2.12.6		检验检测机构出具的检验检测报告应当客观真实、方法有效、数据完整、信息齐全、结论明确、表述清晰并使用法定计量单位	□	□	□
	38)	检验检测机构体系文件包含检验检测报告的固定格式。报告应当客观真实、方法有效、数据完整、信息齐全、结论明确、表述清晰、使用法定计量单位并符合检验检测方法的规定			
	39)	检验检测机构开展检验检测活动的原始记录信息能有效支撑对应出具的报告内容			
	40)	检验检测机构出具的报告至少应当包括标题、唯一性标识、资质认定标志、检验检测机构的检验检测专用章或者公章、授权签字人识别、客户的名称和地址、检验检测方法的识别、样品的识别、样品接收时间和检验检测时间、签发时间、存在抽样时的抽样信息和存在分包时的分包信息			
	41)	检验检测机构如果使用电子签名，符合相关法律法规规定			
2.12.7		检验检测机构应当对质量记录和技术记录的管理作出规定，包括记录的标识、贮存、保护、归档留存和处置等内容。记录信息应当充分、清晰、完整。检验检测原始记录和报告保存期限不少于6年	□	□	□

条款	序号	具体审查（核查）内容	审查（核查）结论 （在□中打√）		
			符合	基本符合	不符合
	42)	检验检测机构的管理体系包含对记录管理的规定，记录应当信息充分、清晰、完整。记录管理内容包括记录标识、贮存、保护、归档留存和处置等。检验检测原始记录和报告保存期限不少于6年			
	43)	检验检测机构具备保存记录和相关文件的场所，该场所的环境设施及环境条件符合保存要求			
2.12.8		检验检测机构在运用计算机信息系统实施检验检测、数据传输或者对检验检测数据和相关信息进行管理时，应当具有保障安全性、完整性、正确性措施	□	□	□
	44)	检验检测机构在利用计算机信息系统对检验检测数据进行采集、处理、记录、报告、存储或者检索时，检验检测机构建立的管理体系文件包含保护数据完整性、安全性和不可伪造篡改的内容，防止未经授权的访问，确保检验检测数据、结果不被篡改、不丢失、可追溯			
	45)	检验检测机构在运用计算机信息系统实施检验检测、数据传输或者对检验检测数据和相关信息进行管理时，有正确有效开展保障安全性、完整性、正确性的措施			
	46)	检验检测机构应当对所使用的自动化软件，包括信息化管理系统、数据采集系统、数据处理系统的正确性进行验证并保留相关活动记录			
	47)	检验检测机构建立的管理体系包含对计算机信息系统的数据保护、电子存储和传输结果规定的内容			
2.12.9		检验检测机构应当实施有效的数据、结果质量控制活动，质量控制活动与检验检测工作相适应。数据、结果质量控制活动包括内部质量控制活动和外部质量控制活动。内部质量控制活动包括但不限于人员比对、设备比对、留样再测、盲样考核等。外部质量控制活动包括但不限于能力验证、实验室间比对等	□	□	□
	48)	检验检测机构建立的管理体系包含对数据、结果质量控制作出规定的内容。检验检测机构开展的数据、结果质量控制活动与其开展的检验检测工作相适应			
	49)	检验检测机构具有依据管理体系规定开展数据、结果质量控制活动的相关记录			
	50)	检验检测机构在开展数据、结果质量控制活动时，数据的记录方式便于发现其发展趋势，若发现偏离了预先目标，应当采取有效的措施纠正，防止出现错误的结果			
2.13		有关法律法规及标准、技术规范对检验检测机构的主体、人员、场所环境、设备设施和管理体系等条件有特殊规定的，检验检测机构还应当符合相关特殊要求	□	□	□
结论	一般程序审查	符合 □ 基本符合 □ 不符合 □	备注	带"＊"条款出现不符合的，审查结论为"不符合"	
	告知承诺核查	承诺属实 □ 承诺基本属实 □ 承诺严重不属实/虚假承诺 □		带"＊"条款出现不符合的，核查结论为"承诺严重不属实/虚假承诺"	

2.6　资质认定技术评审

新《检验检测机构资质认定评审准则》将原准则"资质认定评审"调整为"资质认定技术评审"，明确了资质认定评审是技术性审查，与行政审批环节相区分，同时将告知承诺核查纳入适用范围，拓展了技术评审的内涵。

资质认定技术评审是指依照《检验检测机构资质认定管理办法》的相关规定，由市场监管总局或者省级市场监督管理部门自行或者委托专业技术评价机构组织相关专业评审人员，对检验检测机构申请的资质认定事项是否符合资质认定条件及相关要求所进行的技术性审查。

检验检测机构资质认定技术评审内容包括对检验检测机构主体、人员、场所环境、设备设施和管理体系等方面的审查。

检验检测机构资质认定技术评审方式包括现场评审工作、书面审查和远程评审。根据机构申请的具体情况，采用不同技术评审方式对机构申请的资质认定事项进行审查。

2.6.1　现场评审工作程序

现场评审适用于首次评审、扩项评审、复查换证（有实际能力变化时）评审、发生变更事项影响其符合资质认定条件和要求的变更评审。现场评审应当对检验检测机构申请相关资质认定事项的技术能力进行逐项确认，根据申请范围安排现场试验。安排现场试验时应当覆盖所有申请类别的主要或关键项目/参数、仪器设备、检测方法、试验人员、试验材料等，并覆盖所有检验检测场所。现场评审结论分为"符合""基本符合"和"不符合"3种情形。

2.6.1.1　检验检测机构申请

2.6.1.2　材料审查

评审组长应当在评审员或者技术专家的配合下对检验检测机构提交的申请材料进行审查。通过审查"检验检测机构资质认定申请书"及其他相关资料，对检验检测机构的机构主体、人员、检验检测技术能力、场所环境、设备设施、管理体系等方面进行了解，并依据《检验检测机构资质认定评审准则》及相应的技术标准，对申请人的申报材料进行文件符合性审查，并予以初步评价。

1. 审查要点

1）"检验检测机构资质认定申请书"及附件的审查要点

（1）检验检测机构的法人地位证明材料，其经营范围是否包含检验检测的相关表述，并符合公正性要求；非独立法人检验检测机构是否提供了所在法人单位的授权文件；

（2）检验检测机构是否有固定的工作场所，是否具有产权证明或者租借合同；

（3）检验检测能力申请表中的项目/参数及所依据的标准是否正确，是否属于资质认定范围；

（4）仪器设备（标准物质）配置的填写是否正确，所列仪器设备是否符合其申请项目/参数的检验检测能力要求，并可独立支配使用；

（5）检验检测报告授权签字人职称和工作经历是否符合规定；

（6）申请项目类别涉及的典型报告是否符合要求。

2）管理体系文件的审查要点

（1）管理体系文件是否包括《检验检测机构资质认定管理办法》《检验检测机构资质认定评审准则》及相关行业特殊要求等相关规定；

（2）管理体系是否描述清楚，要素阐述是否简明、切实，文件之间接口关系是否明确；

（3）质量活动是否处于受控状态，管理体系是否能有效运行并进行自我改进；

（4）需要有管理体系文件描述的要素，是否均被恰当地编制成文件；

（5）管理体系文件结合检验检测机构的特点，是否具有可操作性；

（6）审查多场所检验检测机构的管理体系文件时，应当注意管理体系文件是否覆盖检验检测机构申请资质认定的所有场所，各场所与总部的隶属关系及工作接口是否描述清晰，沟通渠道是否通畅，各分场所内部的组织机构（适用时）及人员职责是否明确。

2. 审查结果

评审组长应当在收到申请材料5个工作日内完成材料审查，并将审查结果反馈资质认定部门或者其委托的专业技术评价机构。

材料审查的结果主要有以下几种情况：

1）实施现场评审。当材料审查符合要求或材料中虽然存在问题，但不影响现场评审的实施时，评审组长可建议实施现场评审。

2）暂缓实施现场评审。当材料审查不符合要求或材料中存在的问题影响现场评审的实施时，评审组长可建议暂缓实施现场评审，由资质认定部门或者其委托的专业技术评价机构通知检验检测机构进行材料补正。

3）不实施现场评审。当材料审查不符合要求或材料中存在的问题影响现场评审的实施且经补正仍不符合要求，或者经确认不具备申请资质认定的技术能力时，可作出"不实施现场评审"的结论，建议不予资质认定。

材料审查的结果由资质认定部门或者其委托的专业技术评价机构通知检验检测机构。

2.6.1.3 下发评审通知

材料审查合格后，资质认定部门或其委托的专业技术评价组织向被评审的检验检测机构下发"检验检测资质认定现场评审通知书"，同时告知评审组按计划实施评审。

2.6.1.4 现场评审前准备

1）评审组长应当保持与资质认定部门或者其委托的专业技术评价机构的良好沟通，获得检验检测机构的相关信息和资料。

2）评审组长应当与检验检测机构进行良好沟通，了解其基本状况以及可能对评审过程产生影响的特殊情况等。

3）评审组长应当编制"检验检测机构资质认定现场评审日程表"，明确评审的日期、时间、评审范围（要素、技术能力）、评审组分工等。

4）评审组长应当与评审组成员联系，并组织策划现场评审方案；组织评审组成员对申请的检验检测能力的表述规范性进行初步审核，拟定现场考核项目。

2.6.1.5 实施现场评审

1. 预备会议

评审组长在现场评审前应当召开预备会，全体评审组成员应当参加，会议内容如下：

1）说明本次评审的目的、范围和依据；

2）声明评审工作的公正、客观、保密、廉洁要求；

3）介绍检验检测机构文件审查情况；

4）明确现场评审要求，统一有关判定原则；

5）听取评审组成员有关工作建议，解答评审组成员提出的疑问；

6）确定评审组成员分工，明确评审组成员职责，并向评审组成员提供相关评审文件及现场评审表格；

7）确定现场评审日程表；

8）必要时，要求检验检测机构提供与评审相关的补充材料；

9）必要时，对新获证评审员和技术专家进行必要的培训及评审经验交流。

2. 首次会议

首次会议由评审组长主持召开，评审组全体成员、检验检测机构管理层、技术负责人、质量负责人和评审组认为有必要参加的所申请检验检测项目的相关人员应当参加首次会议，会议内容如下：

1）宣布开会，介绍评审组成员；检验检测机构介绍与会人员；

2）评审组长说明评审的任务来源、目的、依据、范围、原则，明确评审将涉及的部门、人员并确认评审日程表；

3）宣布评审组成员分工；

4）强调公正客观原则、保密承诺和廉洁自律要求，向检验检测机构作出评审人员行为规范承诺，并公开资质认定部门监督电话和邮箱；

5）澄清有关问题，明确限制要求和安全防护措施（如洁净区、危险区、限制交谈人员等）；

6）确定检验检测机构为评审组配备的陪同人员，确定评审组的工作场所及评审工作所需资源。

3. 检验检测机构场所考察

首次会议结束，由陪同人员引领评审组进行现场考察，考察检验检测机构相关的办公及检验检测场所。现场考察的过程是观察、考核的过程。有的场所通过一次性的参观之后可能不再重复检查，评审组应当利用有限的时间收集最大量的信息，在现场考察的同时及时进行有关的提问，有目的地观察环境条件、设备设施是否符合检验检测的要求，并做好记录。

4. 现场考核

1）考核项目的选择。首次评审或者扩项评审的现场考核项目需覆盖申请能力的所有类别、参数或设备。复查换证评审和地址变更时可根据具体情况酌情减少。考核方式有报告验证和现场试验。

2）报告验证。积极采信申请参数的能力验证结果及有效的外部质量控制结果。

3）现场试验。

（1）现场试验考核的方式。对检验检测机构的现场试验考核，可采取见证试验、盲样考核、操作演示；也可采取人员比对、仪器比对、留样再测等方式。样品来源包括评审组提供和检验检测机构自备。

（2）现场试验考核结果的应用。原则上现场试验除操作演示外须提供全部原始记录及必要的检验检测报告；当采用电子记录时，应当关注电子数据的准确性、完整性、安全性。在现场考核中，如结果数据不满意，应当要求检验检测机构分析原因；如属偶然原因，可安排检验检测机构重新试验；如属于系统偏差，则应当认为检验检测机构不具备该项检验检测能力。

（3）现场试验的评价。现场试验结束后，评审组应当对试验的结果进行评价，评价内容包括采用的检验检测方法是否正确；检验检测数据、结果的表述是否规范、清晰；检验检测人员是否有相应的检验检测能力；环境设施的适宜程度；样品的采集、标识、分发、流转、制备、保存、处置是否规范；检验检测设备、测试系统的调试、使用是否正确；检验检测记录是否规范等；并在现场考核项目表中给出总体评价结论。

5. 现场提问

现场提问是现场评审的一部分，是一种评价检验检测机构工作人员是否经过相应的教育、培训，是否具有相应的经验和技能而进行资格确认的形式。检验检测机构管理层、技术负责人、质量负责人、检验检测报告授权签字人、各管理岗位人员及评审组认为有必要提问的所申请检验检测项目相关人员均应当接受现场提问。

现场提问可与现场考察、现场试验考核、查阅记录等活动结合进行，也可以在座谈等场合进行。

现场提问的内容可以是基础性的问题，如对法律法规、评审准则、管理体系文件、检验检测方法、检验检测技术等方面的提问，也可对评审中发现的问题、尚不清楚的问题作跟踪性或者澄清性提问。

6. 记录查证

管理体系运行过程中产生的质量记录，以及检验检测过程中产生的技术记录是复现管理过程和检验检测过程的有力证据。评审组应当通过对检验检测机构记录的查证，评价管理体系运行的有效性，以及技术活动的正确性。对记录的查阅应当注重以下问题：

1）文件资料的控制以及档案管理是否适用、有效、符合受控的要求，并有相应的资源保证；

2）管理体系运行记录是否齐全、科学，能否有效反映管理体系运行状况；

3）原始记录、检验检测报告格式内容是否合理，并包含足够的信息；

4）记录是否清晰、准确，是否包括影响检验检测数据、结果的全部信息；

5）记录的形成、修改、保管是否符合管理体系文件的有关规定。

7. 现场评审记录的填写

对检验检测机构现场评审的过程应当记录在《检验检测机构资质认定评审报告》的评审表中。评审组在依据《检验检测机构资质认定评审准则》对检验检测机构进行评审的同时，应当详细记录基本符合和不符合条款及事实。

8. 现场座谈

通过现场座谈考核检验检测机构技术人员和管理人员基础知识、了解检验检测机构人员对管理体系文件的理解、交流现场观察中的一些问题并统一认识。检验检测机构的以下人员应参加座谈会：各级管理人员、检验检测人员、新增员工及评审组认为有必要参加的相关人员。座谈中应针对以下问题进行提问和讨论：

1）对《检验检测机构资质认定评审准则》的理解；

2）对管理体系文件的理解；

3）《检验检测机构资质认定评审准则》和管理体系文件在实际工作中的应用情况；

4）各岗位人员对其职责的理解；

5）对应当具备的专业知识的掌握情况；

6）评审过程中发现的一些问题，以及需要与检验检测机构澄清的问题。

9. 检验检测能力的确定

确认检验检测机构的检验检测能力是评审组进行现场评审的核心环节，每一名评审组成员都应当严肃认真地核查检验检测机构的能力，为资质认定行政许可提供真实可靠的评审结论。

1）建议批准的检验检测能力应符合以下条件：

（1）人员具备正确开展相关检验检测活动的能力。

（2）检验检测活动全过程所需要的全部设备的量程、准确度必须符合预期使用要求；对检验检测结果有影响的设备（包括用于测量环境条件等辅助测量设备）应当实施检定、校准或核查，保证数据、结果满足计量溯源性要求。对溯源结果进行确认，确认内容包括溯源性证明文件（溯源证书）的有效性，及其提供的溯源性结果是否符合检验检测要求。溯源产生的修正信息（如修正值、修正因子等）应当有效正确利用。

（3）检验检测方法应当使用有效版本。应当优先使用标准方法，使用标准方法前应当进行验证；使用非标准方法前应当先进行确认，再验证，以确保该非标准方法的科学、准确、可靠，符合预期用途。

（4）设施和环境符合检验检测活动要求。

（5）能够通过现场试验或者报告验证有效证明相应的检验检测能力。

2）确定检验检测能力时应当注意以下问题：

（1）检验检测能力是以现有的条件为依据，不能以许诺、推测作为依据；

（2）检验检测项目按申请的范围进行确认，评审组不得擅自增加项目，特殊情况须报资质认定部门同意后，方可调整；

（3）检验检测机构不能提供检验检测方法、检验检测人员不具备相应的技能、无检验检测设备或者检验检测设备配置不正确、环境条件不符合检验检测要求的，均按不具备检验检测能力处理；

（4）同一检验检测项目中只有部分符合方法要求的，应当在"限制范围"栏内予以注明；

（5）检验检测能力中的非标准方法，应当在"限制范围"栏内予以注明：仅限特定合同约定的委托检验检测。

10. 评审组确认的检验检测能力的填写

评审报告中的检验检测机构能力表，应当按检验检测机构能力分类规范表述。

11. 评审组内部会

在现场评审期间，每天应当安排时间召开评审组内部会，主要内容有：交流当天评审情况，讨论评审发现的问题，确定是否构成不符合项；评审组长了解评审工作进度，及时调整评审组成员的工作任务，组织、调控评审过程；对评审组成员的一些疑难问题提出处理意见。

最后一次评审组内部会，由评审组长主持，对评审情况进行汇总，确定建议批准的检验检测能力，提出存在的问题和整改要求，形成评审结论并做好评审记录。

12. 与检验检测机构的沟通

形成评审组意见后，评审组长应当与检验检测机构最高管理层进行沟通，通报评审中发现的基本符合情况、不符合情况和评审结论意见，听取检验检测机构的意见。

13. 评审结论

评审结论分为"符合""基本符合""不符合"3种。

14. 评审报告

评审组长负责撰写评审组意见，意见主要内容包括：

1）现场评审的依据；

2）评审组人数；

3）现场评审时间；

4）评审范围；

5）评审的基本过程；

6）对检验检测机构管理体系运行有效性和承担第三方公正检验检测的评价；

7）人员素质；

8）仪器设备设施；

9）场所环境条件；

10）检验检测报告的评价；

11）对现场试验考核的评价；

12）建议批准通过资质认定的项目数量；

13）基本符合、不符合情况；

14）需要说明的其他事项。

以上评审内容完成后形成评审报告，评审组成员和检验检测机构有关人员分别在评审报告相应栏目内签字确认。

15. 末次会议

末次会议由评审组长主持召开，评审组成员全部参加，检验检测机构的主要负责人必须参加。末次会议内容包括：

1）评审情况和评审中发现的问题；

2）宣读评审意见和评审结论；

3）提出整改要求；

4）检验检测机构对评审结论发表意见；

5）宣布现场评审工作结束。

2.6.1.6 整改的跟踪验证

现场评审结束后，评审结论为基本符合的检验检测机构对评审组提出的整改项进行整改，整改时间不超过 30 个工作日。检验检测机构提交整改报告和相关见证材料，报评审组长确认。评审组长在收到检验检测机构的整改材料后，应在 5 个工作日完成跟踪验证。整改有效、符合要求的，由评审组长填写"检验检测机构资质认定评审报告"中的整改完成记录及评审组长确认意见，向资质认定部门或者其委托的专业技术评价机构上报评审相关材料。

整改不符合要求或者超过整改期限的，评审结论为"不符合"，上报资质认定部门或者其委托的专业技术评价机构。

2.6.1.7 评审材料汇总上报

评审结束，整改材料验证完成后，评审组应当向资质认定部门或者其委托的专业技术评价机构上报评审相关材料，包括评审报告、整改报告、评审中发生的所有记录等。

2.6.1.8 终止评审

检验检测机构的以下情况，评审组应请示资质认定部门或其委托的专业技术评价机构，经同意后可终止评审。

1）无合法的法律地位；
2）人员严重不足；
3）场所严重不符合检验检测活动的要求；
4）缺乏必备的设备设施；
5）管理体系严重失控；
6）存在严重违法违规问题或被列入经营异常名录，严重违法失信名单；
7）不配合致使评审无法进行；
8）申请材料与真实情况严重不符。

2.6.2 书面审查工作程序

2.6.2.1 适用范围

书面审查方式适用于已获资质认定技术能力内的少量参数扩项或变更（不影响其符合资质认定条件和要求）和上一许可周期内无违法违规行为、未列入失信名单且申请事项无实质性变化的检验检测机构的复查换证评审。

书面审查方式适用于已获资质认定技术能力内的少量参数扩项或变更（不影响其符合资质认定条件和要求）和上一许可周期内无违法违规行为、未列入失信名单且申请事项无实质性变化的检验检测机构的复查换证评审。书面审查结论分为"符合""不符合"2 种情形。

适用于书面审查的变更评审包括下列情形：①检验检测报告授权签字人变更（授权签字人授权范围变更）；②检验检测方法发生变更但不涉及技术能力的实质变化。由资质认定部门核查申请材料的完整性，并审查是否符合《检验检测机构资质认定评审准则》的要求，给出审批意见。

适用于书面审查的复查换证评审为上一许可周期内无违法违规行为、未列入失信名单且申请事项无实质性变化的检验检测机构提出的复查申请。由资质认定部门核查申请材料的完整性，并审查是否符合《检验检测机构资质认定评审准则》的要求，给出审批意见。

适用于书面审查的扩项评审为已获资质认定技术能力内的少量参数扩项申请。由资质认定部门核查申请材料的完整性，并审查是否符合《检验检测机构资质认定评审准则》的要求，给出审批意见。当因受书面审查方式限制而导致检验检测机构的基本条件和技术能力确认存在疑点或者不充分的情况时，资质认定部门应当视风险情况追加现场评审或者远程评审。

2.6.2.2 书面审查程序

1. 资料审查

检验检测机构提交的申请资料应当真实可靠，申请人不存在欺诈、隐瞒或者故意违反《检验检测机构资质认定管理办法》及《检验检测机构资质认定评审准则》要求的行为，包括但不限于：

1）申请资料与事实不符；

2）同一材料内或者材料与材料之间多处出现自相矛盾或逻辑错误的情况；

3）与其他申请人资料雷同。

2. 变更评审

1）适用于书面审查的变更评审包括下列情形：

（1）检验检测报告授权签字人变更（授权签字人的授权范围变更）；

（2）检验检测方法发生变更但不涉及技术能力的实质变化；

2）由资质认定部门核查申请材料的完整性，并审查是否符合《检验检测机构资质认定评审准则》的要求，给出审批意见。

3. 复查换证评审

1）适用于书面审查的复查换证评审为上一许可周期内无违法违规行为、未列入失信名单且申请事项无实质性变化的检验检测机构提出的复查申请。

2）由资质认定部门核查申请材料的完整性，并审查是否符合《检验检测机构资质认定评审准则》的要求，给出审批意见。

4. 扩项评审

1）适用于已获资质认定技术能力内的少量参数扩项申请。

2）由资质认定部门核查申请材料的完整性，并审查是否符合《检验检测机构资质认定评审准则》的要求，给出审批意见。

当因受书面审查方式限制而导致检验检测机构的基本条件和技术能力确认存在疑点或者不充分的情况时，资质认定部门应当视风险情况，追加现场评审或者远程评审。

2.6.3 远程评审工作程序

2.6.3.1 适用范围

远程评审方式适用于涉及实际技术能力变化的变更、扩项申请，以下情形可选择远程评审；由于不可抗力（如疫情、安全、旅途限制等）无法前往现场评审；检验检测机构实验室从事完全相同的检测活动有多个地点，各地点均运行相同的管理体系，且可以在任何一个地点查阅所有其他地点的电子记录及数据的；已获资质认定技术领域能力内的少量参数变更及扩项；现场评审后需要进行跟踪评审，但跟踪评审无法在规定时间内完成。

远程评审是指使用信息和通信技术对检验检测机构实施的技术评审。采用方式可以为（包括但不限于）：利用远程电信会议设施等对远程场所（包括潜在危险场所）实施评审，包括音频、视频和数据共享及其他技术手段；通过远程接入方式对文件和记录审核，同步的（实时的）或异步的（在适用时）通过静止影像、视频或者音频录制的手段记录信息和证据。下列情形可选择远程评审：

1）由于不可抗力（如疫情、安全、旅途限制等）无法前往现场评审；

2）检验检测机构从事完全相同的检测活动有多个地点，各地点均运行相同的管理体系，且可以在任何一个地点查阅所有其他地点的电子记录及数据的；

3）已获资质认定技术能力内的少量参数变更及扩项；

4）现场评审后仍需要进行复核，但复核无法在规定时间内完成。

远程评审结论分为"符合""基本符合""不符合"3种情形。

2.6.3.2　实施部门

确定实施部门，组建评审组的程序与现场评审工作程序一致。

2.6.3.3　工作流程

1. 材料审查

与现场评审工作程序一致。

2. 评审通知的下发

材料审查合格后，资质认定部门或者其委托的专业技术评价机构向检验检测机构下发"检验检测机构资质认定远程评审通知书"，同时告知评审组按计划实施评审。

3. 远程评审前准备

1）评审组长应当保持与资质认定部门或者其委托的专业技术评价机构的良好沟通，获得检验检测机构的相关信息和资料。

2）评审组长应当与检验检测机构进行良好沟通，了解其基本状况及可能对评审过程产生影响的特殊情况等。

3）评审组长应当编制"检验检测机构资质认定远程评审日程表"，明确评审的日期、时间、评审范围（要素、技术能力）、评审组分工等。

4）评审组长应当与评审组成员联系，并组织策划远程评审方案；组织评审组成员对"检验检测能力申请表"的表述规范性进行初步审核，拟定现场考核项目。

5）远程评审前，评审双方应当对远程评审所需的信息和通信技术的软硬件配置的适宜性、相关人员的信息和通信技术能力、信息和通信技术的安全性和保密性等是否符合实施远程评审条件进行确认，若不符合，则不能实施远程评审。

4. 远程评审的实施

1）预备会议。评审组长在评审前以视频会议方式召开评审组预备会，会议内容和要求与现场评审工作程序一致。评审组成员可在各自办公场所通过视频会议参加远程评审预备会。

2）首次会议。首次会议以视频会议方式由评审组长主持召开，评审组全体成员、检验检测机构管理层、技术负责人、质量负责人及评审组认为有必要参加的所申请检验检测项目相关人员应当参加首次会议，会议内容与现场评审工作程序一致，首次会议的音频、视频等文件应当存档。

3）检验检测机构场所考察。首次会议结束，由陪同人员携带图像采集设备依照评审组指示对检验检测机构相关的办公及检验检测场所进行图像采集。评审人员可及时进行有关的提问，有目的地观察环境条件、设备设施是否符合检验检测的要求。考察检验检测机构场所的音频、视频等文件应当存档。

4）现场考核。

（1）考核项目的选择、报告验证和现场试验的要求与现场评审工作程序一致。

（2）评审组应当对需要进行现场试验的检验检测能力进行实时视频评审，视频采集设备应当覆盖试验场所。检验检测人员在开始试验操作前应当向视频采集设备出示上岗证并声明即将开展的检验检测活动。

现场操作时应当有额外的视频采集设备近距离采集试验过程，评审员或者技术专家应当与被见证的检验检测人员保持顺畅的沟通，必要时检验检测机构应当调整摄像设备或者多角度拍摄以便评审员或者技术专家能完整地观摩。

当检验检测机构实际情况不适合进行实时视频考核时（如网络问题、检验检测机构屏蔽问题等），检验检测机构应当根据与评审组事先商定的要求预录制现场试验视频，预录制的影像应当清晰包含检验检测人员、检验检测用关键设备、环境设施、检验检测对象及检验检测全部流程。评审组通过观察现场试验的视频来确认检验检测能力。

（3）报告验证所需相关材料可通过网络文件传输方式向评审组提供。视频采集等装置覆盖文件存放场所。配备实验室信息管理系统的检验检测机构，评审组可通过系统授权，以远程调阅的方式查阅资料。

现场考核的音频、视频等文件应当存档。

5）现场提问。现场提问的要求与现场评审工作程序一致。现场提问可与现场考察、现场试验考核、记录查阅等活动结合进行，也可在座谈会等场合进行。现场试验考核、记录查阅活动中的现场提问通过视频采集设备同步音频采集完成，座谈会现场提问通过会议音频、视频采集完成。现场提问相关的音频、视频等文件应当存档。

6）记录查阅在查阅文件、记录时，存放文件和记录的场所应当覆盖音频、视频采集设备。检验检测机构人员携带额外的音频、视频采集设备遵照评审组指示取出需要查阅的文件。通过网络文件传输方式向评审组提供文件和记录。配备实验室信息管理系统的检验检测机构，评审组可通过系统授权以远程调阅的方式查阅相关文件及记录。查阅的文件、记录及相关音频、视频等文件应当存档。

7）评审记录的填写。评审记录的填写要求与现场评审工作程序一致，评审记录由评审组通过网络文件传递方式完成。

8）现场座谈。现场座谈以视频会议的方式完成，会议内容与现场评审工作程序一致。现场座谈的相关音频、视频等文件应当存档。

9）检验检测能力的确定。检验检测能力的确定与现场评审工作程序一致。

10）评审组确认的检验检测能力的填写。由评审组成员根据自身分工完成，通过网络文件传输方式提交评审组长汇总。

11）评审组内部会。评审组内部会以视频会议的方式完成，会议内容与现场评审工作程序一致。评审组内部会的相关音频、视频等文件应当存档。

12）与检验检测机构的沟通。与检验检测机构的沟通以视频会议的方式完成，沟通内容与现场评审工作程序一致。沟通的相关音频、视频等文件应当存档。

13）评审结论。评审结论分为"符合""基本符合""不符合"3种。

14）评审报告。评审报告中应当清晰注明本次评审方式是远程评审。评审报告内容和要求与现场评审工作程序一致。评审组成员的签字可通过文件传递或者符合法律法规要求的电子签名的方式完成。

15）末次会议。末次会议以视频会议的方式完成，会议内容与现场评审工作程序一致。末次会议的相关音频、视频等文件应当存档。

2.6.3.4　整改的跟踪验证

整改的跟踪验证要求和程序与现场评审工作程序一致。

2.6.3.5　评审材料汇总上报

汇总上报的评审材料包括评审报告、整改报告、评审中发生的所有记录等，还应当包括所有远程评审过程中相关的音频、视频、照片等文件。

2.6.3.6　终止评审

检验检测机构的以下情况，评审组应当请示资质认定部门或者其委托的专业技术评价机构，经同意后可终止评审。

1）无合法的法律地位；

2）人员严重不足；

3）场所严重不符合检验检测活动的要求；

4）缺乏必备的设备设施；

5）管理体系严重失控；

6）存在严重违法违规问题或被列入经营异常名录、严重违法失信名单；

7）用于远程沟通的设备出现异常情况且短期内无法恢复；

8）远程评审准备不充分，严重影响评审进度，如不能按照评审计划及时提供评审组所需要的证据资料，接受评审的人员不能熟练操作远程通信软件，提供的文件、记录等资料模糊、不清晰等导致影响评审进度的情况；

9）在远程评审中存在刻意误导隐瞒等情况；

10）不配合致使评审无法进行；

11）申请资质认定材料与真实情况严重不符。

2.7　资质认定网上申请流程（实例）

以国家市场监督管理总局的"检验检测机构资质认定网上审批系统"为例，演示资质认定网上申请流程。

2.7.1 登录平台

登录"检验检测机构资质认定网上审批系统",依据系统提示:

1)单一资质认定(CMA)证书获证机构,业务申请使用"单一业务申请";

2)二合一/三合一资质认定(CMA)证书获证机构,业务申请使用"同步评审申请";

3)单击"单一业务申请"或"同步评审申请"下的"复查换证"或"资质认定复查换证"。

2.7.2 选择评审方式

单击"复查换证新增",再单击"选择证书",选定"评审方式",如果评审方式选择"文件审查"或"现场评审",则直接单击"下一步"。如果评审方式选择"告知承诺",则系统自动弹出包含审批依据、申请条件、应当提交的申请材料、告知承诺的办理程序、监督和法律责任、诚信管理等必读材料,下载告知承诺书后,由法定代表人签字并加盖单位公章后上传。

2.7.3 检验检测机构概况

准备检验检测机构法定代表人、最高管理者、技术负责人、机构资源等材料,进入"检验检测构概况"界面,完善相关信息,确定希望评审时间后,继续"下一步"。

2.7.4 人员信息

进入"人员信息"界面,导出模板,按要求完善相关信息,再导入保存,单击"下一步"。与检验检测工作无关的人员无须列入(如财务、后勤人员)。

2.7.5 场所

进入"场所(授权签字人、仪器设备、检测能力、仪器设备(标准物质)配置表)"界面,导出"授权签字人汇总表""仪器设备信息表""检验检测能力表""仪器设备(标准物质)配置表",分别完善后再导入保存,单击"下一步"。

"仪器设备(标准物质)配置表"的前 6 列一定要与检验检测能力申请表的 3 至 8 列一一对应,且仪器设备编号必须在"仪器设备信息表"中存在。

2.7.6 附件

进入"附件"界面,下载相关电子版,按系统要求签字、盖章后再分别上传。上传文件仅支持 pdf 或 jpg 格式,多页材料必须合成为一个文件再上传,且单个文件不能超过 100MB;带"＊"是必须"添加附件",附件 1 至 5、7 至 8 需先下载再"添加附件",其他直接"添加附件"。所有材料上传成功后保存、提交,完成机构申请。

3 中国合格评定委员会认可资质管理概述

认可是正式表明合格评定机构具备实施特定合格评定工作能力的第三方证明。通俗地讲，认可是指认可机构按照相关国际标准或国家标准，对从事认证、检测和检验等活动的合格评定机构实施评审，证实其满足相关标准要求，进一步证明其具有从事认证、检测和检验等活动的技术能力和管理能力，并颁发认可证书。这种证实增强了政府、监管者、公众、用户和消费者对合格评定机构的信任，以及对经过认可的合格评定机构所评定的产品、过程、体系、人员的信任。

本章内容包括认可的介绍、实验室认可、检验机构认可和 CNAS 网上申请流程（实例）。

3.1 认可的介绍

3.1.1 中国认可的发展

我国认可工作始于 20 世纪 90 年代初。1994 年 9 月 20 日，经原国家技术监督局批准，成立中国实验室国家认可委员会（China National Accreditation Committee for Laboratories，CNACL）。

1996 年 1 月 16 日，经原国家进出口商品检验局批准，成立中国国家进出口商品检验实验室认委会（China Laboratory Accreditation Committee for Import and Export Commodity lnspection，CCIBLAC），2000 年 8 月，该委员会更名为中国国家出入境检验检疫实验室认可委员会（China Entry-Exit Inspection and Quarantine Laboratory Accreditation Committee，CCIBLAC）。

1996 年 9 月，包括中国实验室国家认可委员会（CNACL）和中国国家进出口商品检验实验室认可委员会（CCIBLAC）在内的 44 个实验室认可机构签署了"国际实验室认可合作组织"的谅解备忘录（MOU），成为国际实验室认可合作组织（ILAC）的第一批正式全权成员。2000 年 11 月 2 日中国实验室国家认可委员会（CNACL）签署国际实验室认可合作组织（ILAC）相互承认协议（MRA）。

2001 年 11 月 3 日，中国国家出入境检验检疫实验室认可委员会（CCIBLAC）签署 ILAC 实验室认可相互承认协议（MRA）。

2006 年 3 月 31 日，中国合格评定国家认可委员会（China National Accreditation Service for Conformity Assessment，CNAS）正式成立，是在原中国认证机构国家认可委员会（CNAB）和原中国实验室国家认可委员会（CNAL）基础上整合而成，实现了我国认可体系的集中统一，形成了"统一体系、共同参与"的认可工作体制，目前国际认可界认可规模最大的国家认可机构也由此诞生。

2012 年 10 月 24 日，中国合格评定国家认可委员会（CNAS）签署 ILAC 检验机构认可相互承认协议（MRA）。

中国合格评定国家认可制度在国际认可活动中有着重要的地位，其认可活动已经融入国际认可互认体系，并发挥着重要的作用。中国合格评定国家认可委员会是国际认可论坛（IAF）、国际实验室认可合作组织（ILAC）、亚太实验室认可合作组织（APLAC）和太平洋认可合作组织（PAC）的正式成员。2019 年 1 月 1 日起，PAC 和 APLAC 合并成立新的区域认可合作组织"亚太认可合作组织"（APAC）。CNAS 签署了 12 项国际互认协议，包括质量管理体系认证、环境管理体系认证、食品安全管理体系认证、产品认证机构认可国际互认协议，检测实验室、校准实验室、医学实验室、标准物质生产者、能力验证提供者，检验机构认可国际互认协议，协议范围覆盖全球 70 个经济体的认可机构，这些经济体占全球经济总量的 95％以上。认可国际互认为我国检验检测认证机构走向世界搭起了沟通的桥梁，搭建了信任的平台。其中实验室、检验机构方面签署的互认协议 6 项。

3.1.2　认可的特性

1. 国际性

认可是国内外通行的市场运行工具，在深度参与中国同全球经济贸易中的作用日益增强。当前，国际两大认可组织有国际认可论坛（IAF）和国际实验室认可合作组织（IAC），成员机构包括中国在内的 120 多个国家和经济体。国际认可组织通过建立全球化多边认可制度，将国际标准和制度规则协调一致，促进合格评定结果的国际承认，减少贸易中的重复合格评定，使国际贸易更加便利。

2. 自愿性

自愿申请原则是指实验室是否申请认可，是根据其需求自主决定的，即认可机构不会强制任何一个实验室申请。

3.1.3　CNAS 认可文件介绍

CNAS 公开发布的与认可工作有关的文件包括章程、工作规则、委员会认可规则、认可准则、认可指南、认可方案，以及认可说明、认可信息、技术报告等文件。所有文件持续更新，可从 CNAS 官方网站上获取并使用。认可规范文件是认可规则、认可准则、认可指南和认可方案文件的总称。认可规则规定了 CNAS 实施认可活动的政策和程序；认可准则是 CNAS 认可的合格评定机构应满足的要求，是认可评审的基本依据，其中规定了对认证机构、实验室和检验机构等合格评定机构应满足的基本要求。认可指南是对认可规则、认可准则或认可过程的说明或指导性文件。

认可规则（R 系列）是 CNAS 根据法规及国际组织等方面的要求制定的实施认可活动的政策和程序，包括通用规则（R）和专用规则（RL）类文件。认可规则是认可机构运作和认可对象获得与维持认可资格需要满足的强制性要求。

3.1.3.1　《认可标识使用和认可状态声明规则》（CNAS-R01：2023）简介

《认可标识使用和认可状态声明规则》（CNAS-R01：2023）于 2023 年 5 月 31 日实施。为保证 CNAS 认可标识、国际互认联合认可标识与认可证书的正确使用，防止误用或滥用标识和认可证书，以及错误声明认可状态，维护 CNAS 的信誉，特制定本规则。

本规则适用于 CNAS 对获准认可的合格评定机构使用 CNAS 认可标识、国际互认联合认可标识、认可证书及声明认可状态的要求（注：本规则中合格评定机构指获得 CNAS 认可资格的认证机构、审定与核查机构、实验室、检验机构）。

3.1.3.2 《公正性和保密规则》(CNAS-R02：2023) 简介

《公正性和保密规则》(CNAS-R02：2023) 于 2023 年 5 月 31 日实施。为确保认可工作的公正性，维护申请人和获准认可的合格评定机构的信息保密权利，特制定本规则。本规则规定了在认可工作中应遵循的公正性及保密方面的原则与要求，适用于 CNAS 在认可工作中涉及的所有过程及活动。

3.1.3.3 《申诉、投诉和争议处理规则》(CNAS-R03：2019) 简介

《申诉、投诉和争议处理规则》(CNAS-R03：2019) 于 2019 年 5 月 28 日实施。为确保申诉、投诉和争议处理工作的公正、有效，维护与认可工作有关各方的正当权益和 CNAS 的信誉。本规则根据有关法律法规和国际标准，规定了申诉、投诉和争议的处理方式和程序。

本规则适用于处理来自申请认可或已获准认可的机构对 CNAS 的申诉和争议及任何组织或个人对 CNAS 提出的投诉，也适用于向 CNAS 提出的针对申请认可或已获准认可的机构的投诉。

3.1.3.4 《实验室认可规则》(CNAS-RL01：2019) 简介

《实验室认可规则》(CNAS-RL01：2019) 于 2020 年 3 月 1 日实施。本规则规定了 CNAS 实验室认可体系运作的程序和要求，包括认可条件、认可流程、申请受理要求、评审要求、对多检测/校准/鉴定场所实验室认可的特殊要求、变更要求、暂停、恢复、撤销、注销认可及 CNAS 和实验室的权利和义务。

3.1.3.5 《检验机构认可规则》(CNAS-RI01：2019) 简介

《检验机构认可规则》(CNAS-RI01：2019) 于 2020 年 3 月 31 日实施。本规则规定了 CNAS 检验机构认可体系运作的程序和要求，包括认可条件、认可流程、申请受理要求、评审要求、对多检验场所检验机构认可的特殊要求、变更要求、暂停、恢复、撤销、注销认可及 CNAS 和检验机构的权利和义务。本规则内容为强制性要求。

3.1.3.6 《能力验证规则》(CNAS-RL02：2023) 简介

《能力验证规则》(CNAS-RL02：2023) 于 2023 年 9 月 30 日实施。本规则适用于申请 CNAS 认可或已获准 CNAS 认可的合格评定机构，包括检测和校准实验室（含医学领域实验室）、标准物质/标准样品生产者及检验机构、生物样本库（相关时）。

3.1.3.7 《实验室和检验机构认可收费管理规则》(CNAS-RL03：2023) 简介

《实验室和检验机构认可收费管理规则》(CNAS-RL03：2023) 于 2023 年 1 月 1 日实施。本规则适用于检测实验室、校准实验室、病原微生物实验室（除防护水平三级、四级外）、检验机构、标准物质/标准样品生产者和能力验证提供者等相关机构的认可收费。

3.1.4 认可的管理部门

中国合格评定国家认可委员会是根据《中华人民共和国认证认可条例》《认可机构监督管理办法》的规定，依法经国家市场监督管理总局确定，从事认证机构、实验室、检验机构、审定与核查机构等合格评定机构认可评价活动的权威机构，负责合格评定机构国家认可体系运行。

中国合格评定国家认可委员会职责：

1）按照我国有关法律法规、国际和国家标准、规范等，建立并运行合格评定机构国家认可体系，制定并发布认可工作的规则、准则、指南等规范性文件；

2）对境内外提出申请的合格评定机构开展能力评价，作出认可决定，对获认可的合格评定机构进行认可监督管理；

3）负责对认可委员会徽标和认可标识的使用进行指导和监督管理；

4）组织开展与认可相关的人员培训工作，对评审人员进行资格评定和聘用管理；

5）为合格评定机构提供相关技术服务，为社会各界提供获得认可的合格评定机构的公开信息；

6）参加与合格评定及认可相关的国际活动，与有关认可及相关机构和国际合作组织签署双边或多边认可合作协议；

7）处理与认可有关的申诉和投诉工作；

8）承担政府有关部门委托的工作；

9）开展与认可相关的其他活动。

3.1.5 认可的依据

CNAS 依据 ISO/IEC、IAF、PAC、ILAC、APLAC 等国际组织发布的标准、指南和其他规范性文件，以及 CNAS 发布的认可规则、准则等文件，实施认可活动。CNAS 按照认可规范的规定对认证机构、实验室和检验机构的管理能力、技术力、人员能力和运作实施能力进行评审。

CNAS 认可活动所依据的基本准则主要包括《合格评定——管理体系审核认证机构的要求》（ISO/IEC 17021）、《产品认证机构通用要求》（ISO/IEC 指南 65）、《合格评定——操作人员认证机构的一般要求》（ISO/IEC 17024）、《检测和校准实验室能力的一般要求》（ISO/IEC 17025）、《合格评定——各类检验机构的操作要求》（ISO/IEC 17020）、《标准物质/标准样品生产者能力的通用要求》（ISO 指南 34）和《符合性评估——能力验证的通用要求》（ISO/IEC 17043）等。必要时，针对某些认证或技术领域的特定情况，CNAS 在基本认可准则的基础上制定应用指南和应用说明。

3.1.6 认可的类别

按照认可对象的分类，认可类别分为认证机构认可、实验室及相关机构认可、检验机构认可和审定与核查机构认可。

3.1.7 认可周期及认可证书有效期

CNAS 认可周期通常为 2 年，即每 2 年实施一次复评审，作出认可决定。CNAS 秘书处向获准认可实验室颁发认可证书，认可证书有效期一般为 6 年。

3.1.8 认可标识

CNAS 认可标识是 CNAS 授予的、供获准认可的合格评定机构使用的，表示其特定认可资格的图形。

3.1.8.1 CNAS 认可标识组成

实验室、检验机构认可标识由 CNAS 徽标和表明认可制度的文字、注册号组成。文字和注册号置于 CNAS 徽标的右方，汉字使用宋体，英文和数字使用 Arial 字体。CNAS 认可标识的基本颜色为蓝色或/和黑色。

CNAS 徽标代表 CNAS 机构的特定图形，CNAS 拥有所有权和使用权。CNAS 徽标的规格如图 3-1 所示，可成比例放大或缩小，应清晰可辨。CNAS 徽标的基本颜色为蓝色或黑色。CNAS 具有 CNAS 徽标的所有权和使用权，其他机构和个人未经 CNAS 的书面允许不得使用 CNAS 徽标；CNAS 根据有关规定使用徽标。认可注册号是 CNAS 授予获准认可的合格评定机构的特定英文字母和数字组合。

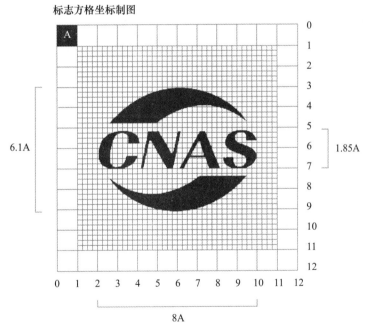

图 3-1　CNAS 徽标的规格

检测实验室认可标识式样如图 3-2 所示。其中，"L"代表实验室（Laboratory）认可，"××××"为认可流水号。

图 3-2　检测实验室认可标识式样

检验机构认可标识式样如图 3-3 所示。其中，"IB"代表检验机构（INSPECTION BODY）认可，"××××"为认可流水号。

图 3-3　检验机构认可标识式样

3.1.8.2　认可标识的使用

1）实验室或检验机构应将 CNAS 认可标识置于其签发的报告、证书首页上部适当的位置。

2）带 CNAS 认可标识或认可状态声明的报告或证书应由授权签字人在其授权范围内签发。

3）如果实验室或检验机构签发的报告或证书结果全部不在认可范围内或全部结果来自外部供应商，则不得在其报告或证书上使用 CNAS 认可标识或声明认可状态。

4）实验室或检验机构签发的带 CNAS 认可标识或认可状态声明的报告或证书中包含部分非认可项目时，应清晰标明此项目不在认可范围内；实验室或检验机构签发的带 CNAS 认可标识或认可状态声明的报告或证书中的结果/结论依据部分非认可项目时，应清晰标明结果/结论所依据的合格评定活动不在认可范围内。

5）实验室或检验机构签发的带 CNAS 认可标识或认可状态声明的报告或证书中部分结果来自外部供应商时，应予以清晰标明。实验室或检验机构从外部供应商的报告或证书中摘录信息应得到外部供应商的同意；如果外部供应商的项目未获 CNAS 认可，应标明此项目不在认可范围内。

6）如果实验室或检验机构签发的报告或证书中包含 CNAS 与其他认可机构签署多边或双边互认协议的信息，相关内容应经 CNAS 书面准许。实验室或检验机构不应在签发的报告或证书上使用其他签署多边承认协议认可机构的认可标识，除非其获得其他签署多边承认协议认可机构认可或 CNAS 与其他认可机构间有特定双边协议规定。

7）对于多地点的实验室或检验机构，CNAS 认可标识使用或认可状态声明不应使相关方误认为未获认可地点的相关能力在认可范围内。

8）实验室或检验机构在非认可范围内的所有活动（包括外部提供的服务）中，不得在相关的来往函件中含有 CNAS 认可标识或认可状态声明的描述，出具的报告或证书及其他相关材料也不能提及、暗示或使相关方误认为获 CNAS 认可。

9）如果实验室或检验机构同时通过管理体系认证，报告或证书上只允许使用 CNAS 认可标识，而不得使用认证标志。

10）实验室或检验机构不得将 CNAS 认可标识或认可状态声明用于样品或产品或独立的产品部件）上，使相关方误认为产品已获认证。

11）实验室签发的带 CNAS 认可标识或认可状态声明的报告或证书中若含对结果解释的内容，应作必要的文字说明，并明确所指的具体规范、标准，以避免客户产生歧义或误解。

12）实验室签发的带 CNAS 认可标识或认可状态声明的报告或证书中包含意见或解释时，意见或解释应获得 CNAS 认可，且意见或解释所依据的检测、校准能力等也应获得 CNAS 认可。如果意见或解释不在 CNAS 认可范围内，应在报告或证书上予以注明。实验室可将不在认可范围内的意见或解释另行签发不带 CNAS 认可标识或认可状态声明的报告或证书。

3.1.9 ILAC-MRA/CNAS 联合标识

ILAC-MRA/CNAS 联合标识由 ILAC-MRA 国际互认标志和 CNAS 认可标识（附加"国际互认"四字）并列组成。CNAS 允许合格评定机构在其与 IAF 和 ILAC 签署的多边互认协议领域内使用国际互认联合认可标识。实验室、检验机构获得 CNAS 认可批准后，可使用相关标识。

实验室 ILAC-MRA/CNAS 联合标识式样如图 3-4 所示。检验机构 ILAC-MRA/CNAS 联合标识式样如图 3-5 所示。

图 3-4　实验室 ILAC-MRA/CNAS 联合标识式样

图 3-5　检验机构 ILAC-MRA/CNAS 联合标识式样

3.2　实验室认可

实验室认可（检测）是指认可机构依据法律法规的规定，按照《合格评定　认可机构要求》（GB/T 27011—2019），等同采用国际标准（ISO/IEC 17011）的要求，并以国家标准《检测和校准实验室能力的通用要求》（GB/T 27025—2019），等同采用国际标准 ISO/IEC 17025—2017）为具体准则，对检测或校准实验室进行评审，证实其是否具备开展检测或校准活动的能力。

3.2.1　实验室认可应用准则及指南

认可准则（C 系列）是 CNAS 为规范认可对象的合格评定活动制定的要求，是认可对象获得和维持认可资格需要满足的强制性要求，包括基本准则和专用准则。专用准则是 CNAS 制定的在特定领域或特定行业中实施相应准则的应用要求，如应用说明等。

认可指南（G 系列）是 CNAS 为认可对象提供的，能够满足或达到认可规则、认可准则等要求的建议或指导性文件。

3.2.1.1 《检测和校准实验室能力认可准则》（CNAS-CL01：2018）简介

《检测和校准实验室能力认可准则》（CNAS-CL01：2018）于 2018 年 9 月 1 日实施，2019 年 2 月 20 日第一次修订。本准则等同采用《检测和校准实验室能力的一般要求》（ISO/IEC 17025：2017）。本准则包含了实验室能够证明其运作能力，并出具有效结果的要求。符合本准则的实验室通常也是依据 GB/T 19001—2016 等同采用 ISO 9001 的原则运作。实验室管理体系符合 GB/T 19001—2016 的要求，并不证明实验室具有出具技术上有效数据和结果的能力。本准则要求实验室策划并采取措施应对风险和机遇。应对风险和机遇是提升管理体系有效性、取得改进效果，以及预防负面影响的基础。实验室有责任确定要应对哪些风险和机遇。

CNAS 使用本准则作为对检测和校准实验室能力进行认可的基础。为支持特定领域的认可活动，CNAS 还根据不同领域的专业特点，制定一系列的特定领域应用说明，对本准则的要求进行必要的补充说明和解释，但并不增加或减少本准则的要求。

申请 CNAS 认可的实验室应同时满足本准则及相应领域的应用说明。

3.2.1.2 《检测和校准实验室能力认可准则的应用要求》（CNAS CL01-G001：2024）

《检测和校准实验室能力认可准则的应用要求》（CNAS CL01-G001：2024）于 2024 年 7 月 1 日实施。本文件旨在明确《检测和校准实验室能力认可准则》（CNAS-CL01）相关条款的具体实施要求。当本文件中对特定条款的要求与专业领域的应用说明不一致时，以专业领域应用说明的要求为准。

3.2.1.3 《测量结果的计量溯源性要求》（CNAS-CL01-G002：2021）简介

《测量结果的计量溯源性要求》（CNAS-CL01-G002：2021）于 2021 年 7 月 31 日实施。本文件规定了 CNAS 对检测实验室、校准实验室、检验机构、标准物质/标准样品生产者、生物样本库和能力验证提供者实施认可活动时涉及测量结果的计量溯源性要求。本文件适用于检测和校准活动的计量溯源性，也适用于检验机构、标准物质/标准样品生产者、生物样本库和能力验证提供者涉及测量的合格评定活动。检测实验室实施的内部校准应满足《内部校准要求》（CNAS-CL01-G004）的规定。

3.2.1.4 《测量不确定度的要求》（CNAS-CL01-G003：2021）简介

《测量不确定度的要求》（CNAS-CL01-G003：2021）于 2021 年 11 月 30 日实施，2023 年 1 月 1 日第一次修订。本文件适用于检测实验室和校准实验室，并适用于医学实验室、检验机构、生物样本库、标准物质/标准样品生产者（RMP）和能力验证提供者（PTP）等合格评定机构的检测和校准活动。

3.2.1.5 《内部校准要求》（CNAS-CL01-G004：2023）简介

《内部校准要求》（CNAS-CL01-G004：2023）于 2023 年 1 月 20 日实施。本文件用以规范申请或已获 CNAS 认可的检测实验室对测量设备实施的内部校准活动，保证检测结果的量值溯源有效性。

内部校准是指在实验室或其所在组织内部实施的，使用自有的设施和测量标准，校准结果仅用于内部需要，为实现获认可的检测活动相关的测量设备的量值溯源而实施的校准。

3.2.1.6 《检测和校准实验室能力认可准则在非固定场所外检测活动中的应用说明》(CNAS-CL01-G005：2018)简介

《检测和校准实验室能力认可准则在非固定场所外检测活动中的应用说明》(CNAS-CL01-G005：2018)于 2018 年 9 月 1 日实施。本文件适用于在实验室固定场所外开展的检测活动。适用时，所有申请认可和已获认可的实验室都应遵守本文件的规定。

3.2.1.7 《检测和校准实验室能力准则在化学检测领域的应用说明》(CNAS-CL01-A002：2020)简介

《检测和校准实验室能力准则在化学检测领域的应用说明》(CNAS-CL01-A002：2020)于 2021 年 1 月 1 日实施，适用于 CNAS 对化学检测领域实验室的认可活动。化学检测领域包括采用化学分析手段对待测样品进行的定性分析或定量检测。

3.2.1.8 《检测和校准实验室能力认可准则在电气检测领域的应用说明》(CNAS-CL01-A003：2019)简介

《检测和校准实验室能力认可准则在电气检测领域的应用说明》(CNAS-CL01-A003：2019)于 2019 年 12 月 30 日实施。本文件适用于 CNAS 对进行电气检测领域实验室的认可活动。电气检测领域包括设备、仪器、装置、元件和材料的电气性能、安全和环境试验。

3.2.1.9 《检测和校准实验室能力认可准则在无损检测领域的应用说明》(CNAS-CL01-A006：2021)简介

《检测和校准实验室能力认可准则在无损检测领域的应用说明》(CNAS-CL01-A006：2021)于 2022 年 6 月 30 日实施。适用于 CNAS 对无损检测领域的认可，该领域涉及用无损检测手段在生产车间、安装工地、使用现场和实验室内对原材料、零部件、结构和设备进行的检测。当本文件的规定与 CNAS-CL01-G001 不一致时，以本文件为准。

3.2.1.10 《检测和校准实验室能力认可准则在电磁兼容检测领域的应用说明》(CNAS-CL01-A008：2023)简介

《检测和校准实验室能力认可准则在电磁兼容检测领域的应用说明》(CNAS-CL01-A008：2023)于 2023 年 4 月 10 日实施，是 CNAS 根据电磁兼容（EMC）检测领域的专业特点制定的特定领域应用说明，适用于电磁兼容检测领域。本文件主要是针对实验室质量和能力要求所作出的进一步说明，内容不包含环境保护和安全方面的内容。对在非固定场所进行的检测活动，应参照《检测和校准实验室能力认可准则在非固定场所检测活动中的应用说明》(CNAS-CL01-G005)的相关要求。

3.2.1.11 《检测和校准实验室能力准则在金属材料检测领域的应用说明》(CNAS-CL01-A011：2018)简介

《检测和校准实验室能力准则在金属材料检测领域的应用说明》 (CNAS-CL01-

A011：2018）于 2018 年 9 月 1 日实施。适用于金属材料及其制品的力学性能检测、金相检验及微观结构分析、腐蚀与防护试验、不需要溶样前处理的仪器法化学成分分析以及物理性能检测。对需要溶样前处理的金属材料化学成分分析的特殊要求见《检测和校准实验室能力认可准则在化学检测领域的应用说明》（CNAS-CL01-A002），对金属材料无损检测领域的特殊要求见《检测和校准实验室能力认可准则在无损检测领域的应用说明》（CNAS-CL01-A006）。

3.2.1.12 《检测和校准实验室能力认可准则在建设工程检测领域的应用说明》（CNAS-CL01-A018：2021）简介

《检测和校准实验室能力认可准则在建设工程检测领域的应用说明》（CNAS-CL01-A018：2021）于 2021 年 5 月 1 日实施。适用于 CNAS 对建设工程检测领域的认可。该领域涉及建筑、市政、交通、水利等行业的土木工程检测等。

3.2.1.13 《检测和校准实验室能力认可准则在建材检测领域的应用说明》（CNAS-CL01-A022：2021）简介

《检测和校准实验室能力认可准则在建材检测领域的应用说明》（CNAS-CL01-A022：2021）于 2021 年 5 月 1 日实施。适用于建材检测领域实验室的认可。该领域涉及房屋建筑工程、市政工程（含城市轨道交通工程）、公路工程、水运工程、铁路工程、水利水电工程等建设工程领域所使用的材料及制品的检测，其他领域实验室含有建材检测项目时可参照执行。

建材检测是 CNAS 对实验室认可领域之一。该领域涉及水泥及其他胶凝材料，混凝土、砂浆类材料，金属材料及其制品，墙体、屋面和地面材料，防水材料，装饰材料，粘接密封材料，建筑保温系统及材料，管网材料，建筑木材/板材，幕墙门窗及材料，混凝土制品，建筑防腐材料，土工材料，交通公路材料等。

3.2.1.14 《实验室认可指南》（CNAS-GL001：2018）简介

《实验室认可指南》（CNAS-GL001：2018）于 2018 年 3 月 1 日实施。本指南是 CNAS 对检测实验室、校准实验室、医学实验室、司法鉴定/法庭科学机构等开展认可活动的程序和要求的解释，供申请或已获 CNAS 认可的所有实验室参考使用。

3.2.1.15 《实验室和检验机构内部审核指南》（CNAS-GL011：2018）简介

《实验室和检验机构内部审核指南》（CNAS-GL011：2018）于 2018 年 9 月 1 日实施。本指南旨在指导实验室和检验机构如何建立和实施内部审核方案。应用本指南的前提是实验室或检验机构已实施了符合 ISO/IEC 17025 或 ISO/IEC 17020 的要求的管理体系。本指南是通用性指南。内部审核的实际运作取决于组织的规模、业务范围和组织结构的具体情况。对于规模较小的组织。本指南中的许多条款可以简化的方式实施。

3.2.1.16 《实验室和检验机构管理评审指南》（CNAS-GL012：2018）简介

《实验室和检验机构管理评审指南》（CNAS-GL012：2018）于 2018 年 9 月 1 日实施。本指南旨在指导实验室和检验机构如何建立和实施管理评审方案。

3.2.2 初次认可、变更、扩大认可范围、复评审、注销认可、恢复认可和撤销

3.2.2.1 实验室初次认可

申请人应在遵守国家的法律法规、诚实守信的前提下，自愿地申请认可。CNAS 将对申请人申请的认可范围，依据有关认可准则等要求，实施评审并作出认可决定。申请人必须满足下列条件方可获得认可：

1) 具有明确的法律地位，具备承担法律责任的能力；

2) 符合 CNAS 颁布的认可准则和相关要求；

3) 遵守 CNAS 认可规范文件的有关规定，履行相关义务。

申请人可以用任何方式向 CNAS 秘书处表示认可意向，如来访、电话、传真及其他电子通信方式等。申请人需要时，CNAS 秘书处应确保其能够得到最新版本的认可规范和其他有关文件。

3.2.2.2 继续保持认可资格

认可证书有效期到期前，如果获准认可实验室需继续保持认可资格，应至少提前 1 个月向 CNAS 秘书处表达保持认可资格的意向。

3.2.2.3 实验室认可变更

获准认可实验室如发生下列变化，应在 20 个工作日内通知 CNAS 秘书处：

1) 获准认可实验室的名称、地址、法律地位和主要政策发生变化；

2) 获准认可实验室的组织机构、高级管理和技术人员、授权签字人发生变更；

3) 认可范围内的检测/校准/鉴定依据的标准/方法、重要试验设备、环境、检测/校准/鉴定工作范围及有关项目发生改变；

4) 其他可能影响其认可范围内业务活动和体系运行的变更。

注：1. 获准认可实验室的名称、地址、检测/校准/鉴定依据的标准/方法、授权签字人等发生变更，应填写并提交"变更申请书"。

2. 获准认可实验室的其他信息（如联系人、联系方式等）发生变更，应及时更新。

3.2.2.4 扩大认可范围

实验室获得认可后，可根据自身业务的需要，随时提出扩大认可范围申请，申请的程序和受理要求与初次申请相同，但在填写认可申请书时，可仅填写扩大认可范围的内容。

下列情形（但不限于）均属于扩大认可范围：

1) 增加检测/校准/鉴定方法、依据标准/规范、检测/鉴定对象/校准仪器、项目/参数；

注：增加等同采用的标准，按变更处理，不作为扩大认可范围。

2) 增加检测/校准/鉴定场所；

3) 扩大检测/校准/鉴定的测量范围/量程；

4) 取消限制范围。

3.2.2.5 复评审

对于已获准认可的实验室，应每 2 年（每 24 个月）接受一次复评审，评审范围涉及认可要求的全部内容、已获认可的全部技术能力。

注：1. 初次获准认可后，第 1 次复评审的时间是在认可批准之日起 2 年（24 个月）内。

2. 两次复评审的现场评审时间间隔不能超过 2 年（24 个月）。

3. 除不可抗力因素外，复评审一般不允许延期进行。

复评审不需要获准认可实验室提出申请。

3.2.2.6 监督评审

为证实获准认可实验室在认可有效期内能够持续地符合认可要求，CNAS 会对获准认可实验室安排定期监督评审。一般情况下，在初次获得认可后的 1 年（12 个月）内会安排 1 次定期监督评审，并根据实验室的具体情况［可查看《实验室认可规则》（CNAS-RL01）第 5.3.2 条］，安排不定期监督评审。

3.2.2.7 撤销认可

在下列情况下，CNAS 应撤销认可：

1) 被暂停认可的获准认可实验室超过暂停期仍不能恢复认可；

2) 由于认可规则或认可准则变更，获准认可实验室不能或不愿继续满足认可要求；

3) 现场评审发现实验室的管理体系不能有效运行，且情节严重的；

4) 暂停期间或恢复认可后同类问题继续发生；

5) 获准认可实验室不能履行 CNAS 规则规定的义务；

6) 不接受或不配合专项监督和投诉调查；

7) 严重违反认可合同；

8) 现场评审发现实验室不具备相应技术能力；

注：实验室不具备相应技术能力，包括但不限于：

① 缺少部分检测/校准/鉴定设备；

② 部分技术人员明显不满足相关认可要求；

③ 未经有效确认而不按检测/校准/鉴定标准/规程/规范操作，影响检测/校准/鉴定结果有效性，情节严重的；

④ 对部分获准认可的技术能力不能有效管理，情节严重的；

⑤ 其他严重影响检测/校准/鉴定结果有效性的问题。

9) 超范围使用认可标识/联合标识或错误声明认可状态，造成严重影响的；

10) 发现获准认可实验室有恶意损害 CNAS 声誉行为；

11) 实验室存在不诚信行为，包括但不限于弄虚作假，不如实作出承诺，或不遵守承诺，出具虚假报告/证书，存在欺骗、隐瞒信息或故意违反认可要求的行为等。

3.2.2.8 注销认可

在下列情况下，CNAS 应注销认可：

1) 获准认可实验室自愿申请注销认可；

2) 认可有效期到期未获得认可资格。

3.2.3 实验室认可流程

实验室若要获得 CNAS 认可，可通过到访、电话、传真及其他电子通信方式等，向 CNAS 秘书处表达意向，获取相关帮助。相关联系方式可到 CNAS 网站查询。实验室获得认可的一般流程包括实验室建立管理体系、实验室提交认可申请、CNAS 秘书处受理决定、文件评审、现场评审、整改验收、批准发证和后续工作等。

3.2.3.1　第一步：建立管理体系

实验室首先要依据 CNAS 的认可准则，建立管理体系。检测实验室、校准实验室适用《检测和校准实验室能力认可准则》（CNAS-CL01）（等同采用 ISO/IEC 17025）。在建立管理体系时，除满足基本认可准则的要求外，还要根据所开展的检测活动的技术领域，同时满足 CNAS 基本认可准则在相关领域应用说明、相关认可要求的规定。管理体系覆盖全部申请范围，满足认可准则及其在特殊领域应用说明的要求，并具有可操作性的文件。组织机构设置合理，岗位职责明确，各层文件之间接口清晰。

实验室的管理体系至少要正式、有效运行 6 个月。进行覆盖管理体系全范围和全部要素的完整的内审和管理评审，并能达到预期目的且所有体系要素应有运行记录。

3.2.3.2　第二步：提交申请

CNAS 实验室认可秉承自愿性、非歧视原则，实验室在自我评估满足认可条件后，向 CNAS 递交认可申请，签署"认可合同"，并交纳申请费。具体费用及汇款账号见申请书（附录 B）中的"申请须知"。"认可合同"应由法定代表人或其授权人签署。由授权人签署时，其授权齐全，并随"认可合同"一同提交。实验室是独立法人实体，或者是独立法人实体的一部分，经法人批准成立，法人实体能为申请人开展的活动承担相关的法律责任。

实验室可登录 CNAS 网站"www. cnas. org. cn/实验室/检验机构认可业务在线申请"系统填写认可申请（CNAS-AL01、CNAS-AL02），并按申请书中的要求提供其他申请资料。

3.2.3.3　第三步：受理决定

CNAS 秘书处收到实验室递交的申请资料并确认交纳申请费后，首先会确认申请资料的齐全性和完整性，然后再对申请资料进行初步审查，以确认是否满足 CNAS-RL01 第 6 条所述的申请受理要求，作出是否受理的决定。

对 CNAS-RL01 中部分受理要求的解释：

1）申请的技术能力满足《能力验证规则》（CNAS-RL02）的要求。

根据 CNAS-RL02 的规定："只要存在可获得的能力验证，合格评定机构初次申请认可的每个子领域应至少参加过 1 次能力验证且获得满意结果（申请认可之日前 3 年内参加的能力验证有效）。申请认可的项目如果不存在可获得的能力验证，实验室也要尽可能地与已获认可的实验室进行实验室间比对，以验证是否具备相应的检测/校准/鉴定能力。

2）实验室申请认可的检测项目，均要有相应的检测经历，且是实验室经常开展的、成熟的、主要业务范围内的主要项目，不接受实验室只申请非主要业务的项目。

3）申请人具有开展申请范围内的检测活动所需的足够的资源。"足够的资源"是指有满足 CNAS 要求的人员、环境、设备设施等，实验室的人员数量、工作经验与实验室的工作量、所开展的活动相匹配。实验室的主要管理人员和所有从事检测活动的人员要与实验室或其所在法人机构有长期固定的劳动关系，不能在其他同类型实验室中从事同类的检测活动。对法律法规中有从业资质要求的人员，应符合相关要求。人员具体要求见 3.2.4。

3.2.3.4 第四步：文件评审

1）CNAS秘书处受理申请后，将安排评审组长对实验室的申请资料进行全面审查，是否能对实验室进行现场评审，取决于文件评审的结果。

2）文件评审的内容包括：

（1）质量管理体系文件满足认可准则要求：完整、系统、协调，能够服从或服务于质量方针；组织结构描述清晰，内部职责分配合理；各种质量活动处于受控状态；质量管理体系能有效运行并进行自我完善；过程的质量控制基木完善，支持性服务要素基本有效；

（2）申请材料及技术性文件中申请能力范围的清晰、准确；人员和设备与申请能力范围的匹配；测量结果计量溯源的符合性；能力验证活动满足相关要求的情况；证书/报告的规范性等。

3）评审组长进行资料审查后，会向CNAS秘书处提出以下建议中的一种：

（1）实施预评审。

（2）实施现场评审：文件审查符合要求或文件资料中虽然存在问题，但不会影响现场评审的实施时提出。

（3）暂缓实施现场评审：文件资料中存在较多问题，直接会影响现场评审的实施时提出，在实验室采取有效纠正措施并纠正发现的主要问题后，方可安排现场评审。

（4）不实施现场评审：文件资料中存在较严重的问题，且无法在短期内解决时提出，或实验室的文件资料通过整改后仍存在较严重问题、或经多次修改仍不能达到要求时提出。

（5）资料审查符合要求，可对申请事项予以认可：只有在不涉及能力变化的变更和不涉及能力增加的扩大认可范围时提出。

3.2.3.5 第五步：现场评审

组建评审组后，由CNAS秘书处向实验室发出"现场评审计划征求意见表"征求实验室的意见，其内容包括评审组成员及其所服务的机构、现场评审时间、评审组的初步分工等。如果确有证据表明某个评审员或其所服务的机构存在影响评审公正性的行为时，实验室可拒绝其参与现场评审活动，CNAS秘书处会对评审组进行调整。

实验室确认"现场评审计划征求意见表"后，CNAS秘书处会向实验室和评审组正式发出现场评审通知，将评审目的、评审依据、评审时间、评审范围、评审组名单及联系方式等内容通知相关方。

现场评审的开始以首次会议的召开为表征，现场评审以末次会议的结束而宣告结束。

现场评审结论仅是评审组向CNAS的推荐意见，根据《中国合格评定国家认可委员会章程》（CNAS-J01），由评定委员会"作出有关是否批准、扩大、缩小、暂停、撤销认可资格的决定意见"。

现场评审后，实验室可登录 CNAS 网站服务专栏下载"实验室/检验机构评审人员评审现场状况调查表"，并于评审工作结束后 5 个工作日内，将填写完成的表格反馈至 CNAS 评审员处，对评审员现场评审表现作出评价。

3.2.3.6 第六步：整改验收

对于评审中发现的不符合，实验室要及时进行纠正，需要时采取纠正措施，一般情况下，CNAS 要求实验室实施整改的期限是 2 个月。但对于监督评审（含监督＋扩项评审）和复评审（含复评＋扩项评审）时涉及技术能力的不符合，要求在 1 个月内完成整改。

3.2.3.7 第七步：批准发证

实验室整改完成后，将整改材料交评审组审查验收。通过验收后，评审组会将所有评审材料交回 CNAS 秘书处，秘书处审查符合要求后，提交评定委员会评定，并作出是否予以认可的评定结论。CNAS 秘书长或其授权人根据评定结论作出认可决定。

CNAS 秘书处会向获准认可实验室颁发认可证书及认可决定通知书，并在 CNAS 网站公布相关认可信息。实验室可在 CNAS 网站"获认可机构名录"中查询。

3.2.4 人员要求

实验室人员主要包括最高管理者或主要管理者、技术负责人、质量负责人、授权签字人、报告审核员、监督员和检测员等。在建设工程检测相关的各领域的人员要求如下。

3.2.4.1 最高管理者或主要管理者

1. 建设工程检测领域

实验室成立年限小于 3 年或实验室最高管理者（或主要管理者）发生变更时，实验室最高管理者（或主要管理者）应参加过实验室质量管理或认可相关知识的培训。

2. 建材检测领域

实验室成立年限小于 3 年或实验室最高管理者（或主要管理者）发生变更时，实验室最高管理者（或主要管理者）应参加过实验室质量管理或认可相关知识的培训。

3. 化学检测领域

实验室管理层中至少应包括一名在申请认可或已获认可的化学检测领域内具有足够知识和经验的人员，负责实验室技术活动。该人员应具有化学专业或与所从事检测范围密切相关专业的本科及以上学历和 5 年以上化学检测的工作经历。

3.2.4.2 技术负责人

1. 电磁兼容检测领域

在电磁兼容检测领域，技术负责人应具有 5 年以上的检测技术工作经历。

2. 建设工程检测领域

在建设工程检测领域，管理层中从事实验室技术管理的人员应具有相关专业高级技术职称，在本实验室工作 2 年以上且具有 5 年以上检测及管理经历。技术管理者除熟悉专业知识外，还应熟悉认可准则中要求的相关技术内容，例如测量溯源性、测量不确定度及质量控制等。

3. 建材检测领域

在建材检测领域，从事实验室技术管理的人员应具有建材相关专业的高级技术职称或同等能力，具有 5 年以上建材相关专业检测技术工作经历。技术管理者除专业知识外，还应熟悉认可准则中要求的相关技术内容，如测量溯源性、测量不确定度及质量控制等。

其中：同等能力指博士学位以上（含），从事相关专业工作 2 年及以上；或硕士学位以上（含），从事相关专业工作 7 年及以上；或大学本科毕业，从事相关专业工作 9 年及以上；或大学专科毕业，从事专业技术工作 13 年及以上。

3.2.4.3 质量主管

1. 建设工程检测领域

在建设工程检测领域，管理层中从事实验室质量管理的人员应具有中级以上（含中级）技术职称或同等能力。在本实验室工作 2 年以上且具有 5 年以上检测及管理经历，经过实验室质量管理的培训并能提供相应有效证据。

其中：同等能力指博士学位以上（含），从事相关专业工作 1 年及以上；或硕士学位以上（含），从事相关专业工作 3 年及以上；或大学本科毕业，从事相关专业工作 5 年及以上；或大学专科毕业，从事专业技术工作 8 年及以上。

2. 建材检测领域

在建材检测领域，管理层中从事实验室质量管理的人员应具有中级及以上技术职称或同等能力，具有 5 年以上检测及管理工作经历且在本实验室工作 1 年以上，经过实验室质量管理的培训并能提供相应有效证据。

其中：同等能力指博士学位以上（含），从事相关专业工作 1 年及以上；或硕士学位以上（含），从事相关专业工作 3 年及以上；或大学本科毕业，从事相关专业工作 5 年及以上；或大学专科毕业，从事专业技术工作 8 年及以上。

3.2.4.4 授权签字人

1. 化学检测领域

在化学检测领域，实验室授权签字人应具有化学或相关专业，其工作经历应是相应领域，如化学检测。

2. 无损检测领域

在无损检测领域，授权签字人对射线、超声、磁粉、渗透等常规检测项目负责，其资格应分别满足该专业Ⅲ级人员的资格；

授权签字人对 X 射线数字成像技术（DR）、计算机射线照相技术（CR）、计算机层析成像技术（CT）的检测项目负责，其资格应分别满足 DR、CR、CT 专业Ⅲ级人员资格，或者具有射线检测Ⅲ级、同时分别具有 DR、CR、CT 专业的Ⅱ级人员资格；

授权签字人对相控阵超声技术（PAUT）、衍射时差法超声技术（TOFD）的检测项目负责，其资格应分别满足 PAUT、TOFD 专业Ⅲ级人员资格，或者具有超声检测Ⅲ级、同时分别具有 PAUT、TOFD 专业的Ⅱ级人员资格；

授权签字人对涡流、声发射检测项目负责，其资格应分别满足该专业Ⅲ级人员的资格，或满足该专业无损检测Ⅱ级人员资格（不少于 4 年）；

授权签字人仅对其他无损检测中某一项目（如目视、泄漏、漏磁、红外、激光散斑等）负责，其资格应满足该项无损检测Ⅱ级人员资格（不少于4年）；

授权签字人对多项无损检测总报告负责，该授权签字人必须同时满足上述人员资格要求。

3. 电磁兼容检测领域

在电磁兼容检测领域，授权签字人在检测人员要求基础上，应具有相关专业中级以上（含中级）技术职称或同等能力，且从事相关领域检测工作至少5年，并熟悉授权签字范围内的标准。

4. 建设工程检测领域

在建设工程检测领域，检测报告授权签字人应具有建设工程相关专业高级工程师及以上技术职称，在本实验室工作1年以上且从事相关专业检测工作5年以上。

5. 电气检测领域

在电气检测领域，实验室所有从事检测活动，报告、审查和批准检测结果的人员应具有相应的电气检测基础理论和专业知识。

3.2.4.5 报告审核人员和监督人员

1. 无损检测领域

在无损检测领域，监督人员应具有质量管理体系知识；应具有无损检测技术的专门知识和经验；应具有所负责监督的无损检测专业的Ⅱ级及以上人员资格；应具有有关材料性能、检测过程和工作环境要求的知识；应具有处理分析有关无损检测数据和结果的经验和能力；应具有应用有关标准检测的经验和依据相关标准编制作业指导书的能力；应具有编制/出具最终检测报告的能力；应具有保质完成无损检测工作的能力。

2. 金属材料检测领域

在金属材料检测领域，监督员应有被监督岗位3年以上的检测工作经历。

3. 建设工程检测领域

在建设工程检测领域，检测报告审核人、监督员应具有建设工程相关专业工程师及以上技术职称，且从事相关专业检测工作3年以上。

4. 建材检测领域

在建材检测领域，检测报告审核人员、技术监督员应满足下列条件之一：①具有建筑材料工程技术专业或相关专业，大学专科及以上学历，且从事相关检测工作3年以上；②具有中专（高中）学历和10年以上的相关检测工作经历。

实验室应根据需要按专业分别设置技术监督人员。技术监督员应有能力对建材检测工作提供足够的技术指导和对检测结果进行评价和说明。

3.2.4.6 检测人员

1. 化学检测领域

在化学检测领域，从事化学检测的人员应接受过包括检测方法、质量控制方法及有关化学安全和防护、救护知识的培训并保留相关记录。操作色谱、光谱、质谱等复杂分析仪器或相关设备的人员还应接受过涉及仪器原理、操作和维护等方面知识的专门培训，掌握相关的知识和专业技能。

从事化学检测的人员应具有化学或相关专业大学专科及以上的学历。如果学历或专业不满足要求，应具有至少 5 年的化学检测工作经历并能就所从事的检测工作阐明原理。

只有经过技术能力评价确认满足要求的人员才能授权其独立从事检测活动。

2. 无损检测领域

在无损检测领域，检测工作人员应持有所从事无损检测专业的资格证书且其执行的工作职责与其持有资格证书级别的能力要求相适应。资格证书区分工业门类或技术时，其从事的工作范围还应与证书中的工业门类或技术相适应。对于采用直接读数式仪器实施检测的项目，如超声测厚、电磁涡流测厚等，授权签字人、检测人员及监督人员应接受适当培训，任职要求不受无损检测资格证书限制。

3. 电磁兼容检测领域

在电磁兼容检测领域，实验室检测人员应具有相关专业的学历背景，非相关专业应具备同等能力，具有相应的电磁兼容基础理论和专业知识，并且具有相关的实践经验，其中具有相关领域 3 年以上工作经历的人员不低于 50％。检测人员应经过必要的本领域培训和考核，考核合格后才能上岗，同时应满足特殊检测领域中对人员的相关要求。

4. 建设工程检测领域

在建设工程检测领域，实验室从事建设工程检测工作的专业技术人员应具有建设工程检测相关专业技术经历，并经过上岗培训、考核和授权。

其中专业技术人员指检测人员、进行检测结果复核的人员、检测方法验证或确认的人员、签发证书或报告的人员（包括授权签字人）。从事建设工程检测的专业技术人员满足下列条件之一，并经考核合格的，可独立开展检测工作：

（1）具有相关专业大学本科及以上学历，且不低于 1 年的相关检测工作经历；

（2）具有相关专业大学专科学历，且不低于 3 年的相关检测工作经历；

（3）具有中专（高中）学历和 10 年以上的相关检测工作经历。

实验室应对检测人员进行管理体系、检测知识及技能的培训，并经理论和现场操作考核合格后，方可授权上岗。

地基基础工程检测、建筑结构工程检测、建筑幕墙工程检测、桥梁隧道工程检测、交通安全设施工程检测、人防工程检测、消防工程检测、建筑防雷工程检测、建筑节能工程检测，除应符合上述要求外，还应满足下列要求：

（1）地基基础工程检测。

专业技术人员中从事地基基础检测工作 3 年以上并具有相关专业中级以上（含中级）技术职称的不得少于 4 名，其中具有相关专业高级职称的不得少于 2 名。

从事建筑工程地基基础工程检测的，至少 1 人应当具备注册土木工程师（岩土）执业资格；从事交通、水利行业地基基础工程检测的，应具有国家承认的相应职业资格。

（2）建筑结构工程检测。

专业技术人员中从事建筑结构工程检测工作 3 年以上并具有相关专业中级以上（含中级）技术职称的不得少于 4 名，其中具有相关专业高级职称的不得少于 2 名。

从事建筑结构工程检测的，至少 1 人应当具备一级注册结构工程师执业资格。从事钢结构焊接质量检测应满足《检测和校准实验室能力认可准则在无损检测领域的应用说明》

（CNAS-CL01-A006）的要求。

从事交通、水利行业结构工程检测的，应具有国家承认的相应职业资格。

（3）建筑幕墙工程检测。

专业技术人员中从事建筑幕墙检测工作 3 年以上并具有相关专业中级以上（含中级）技术职称的不得少于 4 名，其中具有相关专业高级职称的不得少于 2 名。

（4）桥梁隧道工程检测。

专业技术人员中从事桥梁隧道工程检测工作 3 年以上并具有相关专业中级以上（含中级）技术职称的不得少于 7 名，其中具有相关专业高级职称的不得少于 2 名。

从事桥梁隧道工程检测的，至少有 7 人应具有国家承认的桥梁隧道专业职业资格。

（5）交通安全设施工程检测。

专业技术人员中从事交通安全设施检测工作 3 年以上并具有相关专业中级以上（含中级）技术职称的不得少于 5 名，其中具有相关专业高级职称的不得少于 1 名。

从事交通安全设施工程检测的，至少有 3 人应具有国家承认的交通安全设施专业职业资格。

（6）人防工程检测。

专业技术人员中从事人防工程检测工作 3 年以上并具有相关专业中级以上（含中级）技术职称的不得少于 8 名，其中具有相关专业高级职称的不得少于 3 名。

从事人防工程检测的，相关专业领域要覆盖机械、力学、土木工程等领域。

（7）消防工程检测。

专业技术人员中从事消防工程检测工作 3 年以上并具有相关专业中级以上（含中级）技术职称的不得少于 4 名，其中具有相关专业高级职称的不得少于 2 名。

从事消防工程检测的，相关专业领域要覆盖消防、机械、电气、土木工程等领域。有职业资格要求的需持相关职业资格证书，还应符合行业主管部门的要求。

（8）建筑防雷工程检测。

专业技术人员中从事建筑防雷工程检测工作 3 年以上并具有相关专业中级以上（含中级）技术职称的不得少于 6 名，其中具有相关专业高级职称的不得少于 2 名。

从事建筑防雷工程检测的，相关专业领域要覆盖电气、通信、土木工程等领域。

（9）建筑节能工程检测。

专业技术人员中从事建筑节能工程检测工作 3 年以上并具有相关专业中级以上（含中级）技术职称的不得少于 4 名，其中具有相关专业高级职称的不得少于 2 名。

从事建筑节能工程检测的，相关专业领域要覆盖建筑物理、暖通、电气、土木工程等领域。

从事建设工程领域检测的人员，应是实验室签约聘用的专职人员，不得同时在其他同类检测机构中执业。从业人员的执业资格证书须注册到人员所在的检测机构，行业特殊管理规定除外。

5．建材检测领域

在建材检测领域，从事建材检测的人员应满足下列条件之一，并经考核合格（某些有要求的特殊技术领域，应持证上岗），可独立开展检测工作：

1）建材专业或相关专业，大学本科及以上学历；

2）建材专业或相关专业，大学专科学历且不低于2年的相关检测工作经历；

3）中专（高中）学历且不低于8年的相关检测工作经历；从事室内常规力学性能检测项目，如混凝土试块抗压、抗折和钢筋的拉伸弯曲等项目检测，应有不低于5年的相关检测工作经历。

从事建材领域检测的人员，应是实验室签约聘用的专职人员，不得同时在其他检测机构执业。

6. 电气检测领域

在电气检测领域，实验室应制定培训计划使从事电气领域检测人员了解必要的安全防护措施，以防止检测中出现的电击、高电压、热危险、燃烧、机械损伤、有毒有害气体、化学、辐射、激光等对人身安全构成威胁。

3.2.4.7 其他要求

1. 建材检测领域

实验室从事建材检测工作的专业技术人员应具有建材检测相关专业技术经历，并经过上岗培训、考核和授权。专业技术人员中具有相关专业中级及以上技术职称或同等能力的人数不得少于3名；从事建材检测工作2年以上的人数不少于从事建材检测总人数的60%。

其中，专业技术人员指检测人员、进行检测结果复核的人员、检测方法验证或确认的人员、签发证书或报告的人员（包括授权签字人）。

同等能力指博士学位以上（含），从事相关专业工作1年及以上；或硕士学位以上（含），从事相关专业工作3年及以上；或大学本科毕业，从事相关专业工作5年及以上；或大学专科毕业，从事专业技术工作8年及以上。

2. 化学检测领域

在化学检测领域，关键技术人员应掌握化学分析测量不确定度评定的方法，并能就所负责的检测项目进行测量不确定度评定。

对从事化学领域方法开发、修改、验证和确认的人员的授权，至少应授权到相应的检测技术。实验室应定期评价被授权人员的持续能力。评价记录和授权记录应予以保存。

样品的保管人应被授权并能履行其工作职责。

3. 电气检测领域

在电气检测领域，实验室所有从事检测活动，报告、审查和批准检测结果的人员应具有相应的电气检测基础理论和专业知识。

4. 无损检测领域

在无损检测领域，实验室应对检测人员、工艺文件审核或批准人员、监督人员进行授权。

5. 金属材料检测领域

在金属材料检测领域，实验室的人员培训应包括检测方法、质量监控方法、实验室安全和防护知识及仪器原理、操作和维护等方面知识的专门培训。从事抽样、取样和制样的工作人员应经过培训，制样人员还应有相应工种技能培训证明并经岗位培训合格。

实验室对取样、制样人员也应进行监督和评价。

对样品制备人员、特定类型检测设备（如拉伸试验机、显微镜、光谱仪、扫描电镜等）的操作人员应有技能培训、能力确认和使用授权的记录。只有经过技术能力评价、确认满足要求的人员才能授权其独立从事检测、抽样、取样和制样活动。应定期评价被授权人员的持续能力，保存评价记录和授权记录。

3.3　检验机构认可

检验机构认可是指认可机构依据法律法规的规定，按照《合格评定　认可机构通用要求》（GB/T 27011—2019）（等同采用国际标准 ISO/IEC 17011）的要求，并以国家标准《合格评定　各类检验机构的运作要求》（GB/T 27020—2016）（等同采用国际标准 ISO/IEC 17020）为具体准则，对检验机构进行评审，证实其是否具备开展检验活动的能力。

认可机构对于满足 CNAS 相关要求的检验机构予以正式承认，并颁发认可证书，以证明该检验机构具备实施特定检验活动的技术和管理能力。

建筑工程检验是指于在建设工程的建造运行和维护中，涉及建设工程的施工质量检验、性能评价/鉴定、设计图复核等检验活动。

3.3.1　检验机构认可准则及指南

3.3.1.1　《检验机构能力认可准则》（CNAS-CI01：2012）简介

《检验机构能力认可准则》（CNAS-CI01：2012）于 2015 年 6 月 1 日实施，2019 年 2 月 20 日第二次修订。该准则规定了中国合格评定国家认可委员会对认可检验机构能力的通用要求。

3.3.1.2　《检验机构能力认可准则的应用说明》（CNAS-CI01-G001：2021）简介

《检验机构能力认可准则的应用说明》（CNAS-CI01-G001：2021）于 2021 年 12 月 31 日实施。本应用说明为检验机构认可提供了《检验能力机构认可准则》（CNAS-CI01：2012）（ISO/IEC 17020：2012）的应用说明，作为检验机构认可的强制性要求文件，与 CNAS-CI01 同步应用。认可机构可使用本文件对检验机构进行认可评审。检验机构也可通过使用本文件对自身的运作进行管理，从而满足认可要求。

3.3.1.3　《检验机构能力认可准则在建设工程检验领域的应用说明》（CNAS-CI01-A005：2021）简介

《检验机构能力认可准则在建设工程检验领域的应用说明》（CNAS-CI01-A005：2021）于 2021 年 5 月 1 日实施。该应用说明是 CNAS 根据建设工程领域检验的特点而对《检验机构能力认可准则》（CNAS-CI01）所做的进一步说明，并不增加和减少该准则的要求。本文件适用于在建设工程的建造运行和维护中，涉及建设工程的施工质量检验、性能评价/鉴定、设计图复核等的检验活动。其中建设工程是指房屋建筑工程、道路及其配套工程、桥梁隧道工程、交通安全设施工程、管线工程、铁路工程、水利工程、水运码头工程、航道工程、其他大型建设工程及其使用的相关产品。

3.3.1.4 《检验机构能力认可准则在建筑节能检验领域的应用说明》（CNAS-CI01-A011：2018）简介

《检验机构能力认可准则在建筑节能检验领域的应用说明》（CNAS-CI01-A011：2018）于 2018 年 3 月 1 日实施。其是 CNAS 根据建筑节能领域检验的特点而对《检验机构能力认可准则》（CNAS-CI01：2012）所做的进一步说明，不增加和减少该准则的要求，适用于建筑工程的规划、设计、建造和运行阶段节能性能评价等检验活动。建筑节能检验领域包括围护结构、建筑环境、建筑用能设备和系统、可再生能源利用、能效测评等。

3.3.1.5 《检验机构认可指南》（CNAS-GI001：2022）简介

《检验机构认可指南》（CNAS-GI001：2022）于 2022 年 12 月 1 日实施。本指南是 CNAS 对检验机构开展认可活动的程序和要求的解释，供申请或已获 CNAS 认可的所有检验机构参考使用。

3.3.1.6 《建设工程领域检验机构认可指南》（CNAS-GI010：2023）简介

《建设工程领域检验机构认可指南》（CNAS-GI010：2023）于 2023 年 9 月 1 日实施。本指南给出了建设工程检验领域及检验活动类型、认可条件、认可范围、认可程序及特殊要求等内容，用于指导建设工程领域检验机构的认可。

3.3.2 初次认可、扩大认可范围、变更、监督评审和复评审

检验机构认可包括初次认可、扩大认可范围、监督评审和复评审。

3.3.2.1 检验机构初次认可

申请人可以用任何方式向 CNAS 秘书处表示认可意向，如来访、电话、传真及其他电子通信方式。需要时，CNAS 秘书处应确保申请人能够得到最新版本的认可规范和其他有关文件。

初次认可流程包括意向申请、正式申请和受理、文件评审、组建评审组、现场评审、认可评定、发证与公布。

检验机构可从 CNAS 官方网站下载并填写"检验机构认可申请书"（CNAS-AI01）（附录 C）。

3.3.2.2 扩大认可范围

获准认可检验机构在认可有效期内可以向 CNAS 秘书处提出扩大认可范围的申请。下列情形之一（包括但不限于）均属于扩大认可范围：

1）增加检验能力；

2）增加关键活动场所。

3.3.2.3 检验机构变更的要求

获准认可检验机构如发生下列变化，应在 20 个工作日内以书面形式通知 CNAS 秘书处：

1）获准认可检验机构的名称、地址、主要政策或法律地位发生变化；

2）获准认可检验机构的组织机构、高级管理人员、授权签字人、关键检验人员发

生变更；

　　3）认可范围内的检验能力、检验方法及重要设备设施发生重大改变；

　　4）其他可能影响其认可范围内业务活动或体系运行的变更。

3.3.2.4　暂停认可

获准认可检验机构由于自身原因主动申请或不能持续地符合 CNAS 的认可条件和要求，例如：

　　1）被告诫的检验机构在规定期限内未对其存在的问题，采取有效纠正或纠正措施，或告诫后在一个认可证书有效期内同类问题重复发生的；

　　2）超范围使用认可标识或错误声明认可状态，造成一定恶劣影响的；

　　3）不能按期接受定期监督或复评审；

　　4）不按时缴纳费用；

　　5）在监督评审或复评审现场评审过程中发现少量已获认可的技术能力不能维持或不能在规定的期限内完成纠正措施（该条内容同样适用于监督＋扩项评审、复评审＋扩项评审时，少量申请认可的项目明显不具备能力的情况）；

　　6）检验机构的人员、设施、环境（如搬迁）发生重大变化，未按规定通报 CNAS 秘书处，或不如实作出承诺，或未经 CNAS 确认继续使用认可标识/联合标识；

　　7）现场评审发现检验机构的管理能力和/或技术能力不能满足认可要求；

　　8）当认可规则、认可要求和认可准则发生变化时，获准认可检验机构不能按时完成转换；

　　9）未履行认可合同；

　　10）获准认可检验机构存在其他违反认可规定的情况，但严重程度尚未达到撤销认可资格的情况。CNAS 可以暂停检验机构部分或全部认可范围，暂停期不大于 6 个月。

获准认可检验机构在暂停期间不得在相关项目上发出带有认可标识/联合标识的报告或证书，也不得以任何明示或隐含的方式向外界表示被暂停认可的范围仍然有效。

在检验机构被暂停认可资格期间，CNAS 不受理其提出的扩大认可范围申请。

3.3.2.5　撤销认可

在下列情况下，CNAS 应撤销对检验机构的认可：

　　1）被暂停认可的检验机构超过暂停期仍不能恢复认可；

　　2）由于认可规则或认可准则变更，获准认可检验机构不能或不愿继续满足认可要求；

　　3）现场评审发现检验机构的管理体系不能有效运行且情节严重的；

　　4）暂停期间或恢复认可后同类问题继续发生；

　　5）获准认可检验机构不能履行 CNAS 规则规定的义务；

　　6）不接受或不配合专项监督和投诉调查；

　　7）严重违反认可合同；

　　8）现场评审发现检验机构不具备认可范围内的技术能力；

　　9）超范围使用认可标识或错误声明认可状态，造成严重影响的；

10）发现获准认可检验机构有损害 CNAS 声誉行为；

11）检验机构存在不诚信行为，包括但不限于弄虚作假，不如实作出承诺，或不遵守承诺，出具虚假报告/证书，存在欺诈、隐瞒信息或故意违反认可要求的行为等。

3.3.2.6 注销认可

在下列情况下，CNAS 应注销获认可机构的认可资格：

1）获准认可检验机构自愿申请注销认可；

2）认可有效期到期未继续获得认可资格。

3.3.2.7 缩小认可范围

下列情况（包括但不限于）可以导致缩小认可范围：

1）获准认可检验机构自愿申请缩小其原认可范围；

2）业务范围变动使获准认可检验机构失去原认可范围内的部分能力；

3）各类评审或能力验证的结果表明，获准认可检验机构的某些技术能力或质量管理不再满足认可要求，且在 CNAS 规定的时间内不能恢复；

4）CNAS 的认可要求变化后，在 CNAS 秘书处规定的时间内，获准认可检验机构未能完成转换，导致其某些技术能力或质量管理不再满足认可要求。

3.3.2.8 监督评审

监督评审的目的是证实获准认可检验机构在认可有效期内持续地符合认可要求，并保证在认可规则和认可准则或技术能力变化后，能够及时采取措施以符合变化的要求。获准认可检验机构均须接受 CNAS 的监督评审。监督评审中如发现获准认可检验机构不能持续符合认可条件时，CNAS 应要求其限期采取纠正或纠正措施，情况严重时可立即予以暂停、缩小认可范围或撤销认可。

监督评审包括定期监督评审和不定期监督评审。

1. 定期监督评审

对于初次获准认可的检验机构应在认可批准后的 12 个月内接受 CNAS 安排的定期监督评审，定期监督评审的重点是核查获准认可检验机构管理体系的维持情况及遵守认可规定的情况。

2. 不定期监督评审

在发生以下情况（包括但不限于）时，CNAS 可视需要随时安排对检验机构的不定期监督评审：

1）CNAS 的认可要求发生变化；

2）CNAS 秘书处认为需要对投诉或其他情况反映进行调查；

3）获准认可检验机构发生《实验室认可规则》（CNAS-RL01）9.1.1 条所述变化；

4）获准认可检验机构不能满足 CNAS 能力验证活动要求；

5）获准认可检验机构因违反认可要求曾被暂停认可资格；

6）获准认可检验机构在行政执法检验中被发现存在较多问题；

7）获准认可检验机构在定期监督评审中被发现存在较多问题；

8）获准认可检验机构出具检验报告的数量增长速度异常；

9）CNAS 秘书处认为有必要进行的其他不定期监督评审，如专项监督评审。

3.3.2.9 复评审

对于已获准认可的检验机构，在认可批准后应每 2 年（每 24 个月）接受一次复评审，评审范围涉及认可要求的全部内容、已获认可的全部技术能力。

注：1. 获准认可后，第 1 次复评的时间是在认可批准之日起 2 年（24 个月）内。

2. 两次复评审的现场评审时间间隔不能超过 2 年（24 个月）。

3. 除不可抗力因素外，复评审一般不允许延期进行。

3.3.3 检验机构认可流程

检验机构若要获得 CNAS 认可，可通过到访、电话、传真及其他电子通信方式等，向 CNAS 秘书处表达意向，获取相关帮助。相关联系方式可到 CNAS 网站查询。检验机构获得认可的一般流程包括实验室建立管理体系、实验室提交认可申请、CNAS 秘书处受理决定、文件评审、现场评审、整改验收、批准发证和后续工作等。

3.3.3.1 第一步：建立管理体系

检验机构首先要依据 CNAS 的认可准则，建立管理体系。检验机构适用的基本认可准则为《检验机构能力认可准则》（CNAS-CI01）（等同采用 ISO/IEC 17020），包括基本认可准则的应用说明。

检验机构建立管理体系文件时，应注意：

1）文件要完整、系统、协调，能够服从或服务于质量方针；组织结构描述清晰，内部职责分配合理；各种质量活动处于受控状态；管理体系能有效运行并进行自我完善。

2）文件具有可操作性，各层次文件之间要求一致；当检验机构具有多场所时，文件应覆盖申请认可的所有场所，各场所与总部的隶属关系及工作接口描述清晰，沟通渠道顺畅，各场所内部的组织机构（需要时）及人员职责明确。

检验机构的管理体系至少要正式、有效运行 6 个月进行覆盖管理体系全范围和全部要素的完整的内审和管理评审。

3.3.3.2 第二步：提交申请

检验机构所开展的任何活动均应遵守国家的法律法规，并诚实守信。

CNAS 检验认可秉承自愿性原则，检验机构在自我评估满足认可条件后，向 CNAS 递交认可申请，并交纳申请费。具体联系方式、申请费及汇款账号见申请书（附录 C）中的"申请须知"。

检验机构应为法律实体，或者为法律实体中被明确界定的一部分。如果检验机构是一个法律实体的一部分，须经该法律实体批准成立，法律实体能为其全部检验活动承担法律责任。在申请认可时，检验机构名称中须冠以法律实体名称。

检验机构可从 CNAS 网站下载并填写检验机构认可申请书（CNAS-AI01），并按申请书中的要求准备其他申请资料。

3.3.3.3 第三步：受理决定

CNAS 秘书处收到检验机构递交的申请资料并确认交纳申请费后，首先会确认申请资料的齐全性和完整性，然后再对申请资料进行初步审查，以确认是否满足 CNAS-

RI01 第 6 条所述的申请受理要求，作出是否受理的决定。

对 CNAS-RI01 中部分受理要求的解释：

1）申请人具有明确的法律地位，其活动应符合国家法律法规的要求。检验机构应为法律实体或法律实体的一部分。如果检验机构是法律实体的一部分，须经法律实体批准成立，法律实体能为其检验活动承担法律责任。检验机构应在其合法经营范围内开展工作。检验机构在提交认可申请时需同时提交法律实体的法律地位及相关从业资质的证明文件（复印件），当机构为法律实体的一部分时，还需提供法律实体授权书和承担检验机构相关法律责任的声明（复印件）。对于多场所的检验机构，应满足相关法律法规要求。

2）申请认可的技术能力有相应的检验经历。检验机构申请认可的检验项目，均要有相应的检验经历，如近两年没有相关的检验经历，原则上该能力不予受理。

3）申请人具有开展申请范围内的检验活动所需的足够的资源。"足够的资源"包括有满足 CNAS 相关要求的人员，且人员数量、工作经验与检验机构的工作量、所开展的活动相匹配；检验机构关键岗位人员（如技术负责人、质量负责人、授权签字人、检验员等）应是与检验机构签约的人员；必要时，人员应获得相应资格；检验机构的设施环境应能够持续满足开展相应检验活动的要求，检验机构可获得的、充足的、与其开展的检验活动及工作量相匹配的仪器设备。人员具体要求见 3.3.4。

3.3.3.4　第四步：文件评审

1. CNAS 秘书处受理申请后，将安排评审组长对检验机构的申请资料进行全面审查，是否能对实验室进行现场评审，取决于文件评审的结果。

2. 文件评审内容

1）管理体系文件满足认可准则要求：完整、系统、协调，能够服从或服务于质量方针；组织结构描述清晰，内部职责分配合理；各种质量活动处于受控状态；质量管理体系能有效运行并进行自我完善。

2）申请材料及技术性文件中申请能力范围清晰、准确；人员和设备与申请能力范围匹配；量值溯源符合要求；能力验证活动满足要求；证书/报告规范等。

3. 评审结果

评审组长进行资料审查后，会向 CNAS 秘书处提出以下建议中的一种：

1）实施预评审。

2）实施现场评审：文件资料中虽然存在问题，但是不会影响现场评审的实施时提出。

3）暂缓实施现场评审：文件资料中存在较多的问题，直接会影响现场评审的实施时提出，在检验机构采取有效纠正措施并纠正发现的主要问题后，方可安排现场评审。

4）不实施现场评审：文件资料中存在较严重的问题，且无法在短期内解决时提出，或检验机构的文件资料通过整改后仍存在较严重问题、或经多次修改仍不能达到要求时提出。

5）资料审查符合要求，可对申请事项予以认可：只有在不涉及能力变化的变更和不涉及能力增加的扩大认可范围时提出。

3.3.3.5　第五步：现场评审

组建评审组后，由 CNAS 秘书处向检验机构发出"现场评审计划征求意见表"征求检验机构的意见，其内容包括评审组成员及其所服务的机构、现场评审时间。如果确有证据表明某个评审员或其所服务的机构存在影响评审公正性的可能时，检验机构经核实后可拒绝其参与现场评审活动，CNAS秘书处会对评审组进行调整，但调整次数不应超过2次。

检验机构确认"现场评审计划征求意见函"后，CNAS秘书处会向检验机构和评审组正式发出现场评审通知，将评审目的、评审依据、评审时间、评审范围、评审组名单及联系方式等内容通知相关方。

现场评审的开始以首次会议开始，现场评审以末次会议的结束而宣告结束。

3.3.3.6　第六步：整改验收

对于评审中发现的不符合，检验机构要及时采取纠正/纠正措施，纠正/纠正措施完成期限一般为2个月，严重不符合的，应在1个月内完成。

3.3.3.7　第七步：批准发证

CNAS秘书处收到评审组交来的所有评审材料后，对其进行审查。审查符合要求后，提交评定委员会评定，由评定委员会作出是否予以认可的评定结论。CNAS秘书长或其授权人根据评定结论作出认可决定。CNAS秘书处会向获准认可检验机构颁发认可证书及认可决定通知书，并在CNAS网站公布相关认可信息。

3.3.4　人员要求

检验机构人员主要包括最高管理者或主要管理者、技术负责人、质量负责人、授权签字人、报告审核员、监督员和检测员等。在建设工程检验相关的各领域的人员要求如下。

3.3.4.1　技术负责人

1. 建设工程检验领域

在建设工程检验领域，技术负责人年龄不超过65周岁（含），应具备本专业高级技术职称且应有不少于8年的本专业工作经历。

2. 建筑节能检验领域

在建筑节能检验领域，技术主管应具备本专业高级技术职称且应有不少于8年的建筑节能检验工作经历，在本机构执业时间不少于2年。

3.3.4.2　授权签字人

1. 建设工程检验领域

对于从事建筑地基基础、结构工程的施工质量检验、性能评价/鉴定和设计图复核的授权签字人，年龄不超过65周岁（含），应具备本专业高级技术职称、本专业领域的注册执业资格且有不少于8年本专业工作经历；

对从事建筑幕墙施工质量检验、性能评价/鉴定、设计图复核的机构的授权签字人，年龄不超过65周岁（含），应具备建设工程相关专业高级技术职称、本专业领域的相关注册执业资格且有不少于8年本专业工作经历，或应具备建筑幕墙相关专业正高级技术职称且有不少于16年的本专业工作经历。

对于其他行业从事建设工程的施工质量检验、性能评价/鉴定和设计图复核的授权签字人，年龄不超过 65 周岁（含），应具备本专业高级技术职称、本专业领域的注册执（职）业资格且有不少于 8 年本专业工作经历，或应具备本专业正高级技术职称且有不少于 16 年的本专业工作经历。

2. 建筑节能检验领域

在建筑节能检验领域，报告授权签字人应具有本专业高级技术职称且应有不少于 8 年的建筑节能检验工作经历，在本机构执业时间不少于 2 年。

3.3.4.3　报告审核人

1. 建设工程检验领域

在建设工程检验领域，报告审核人年龄不超过 65 周岁（含），应具备本专业高级技术职称且应有不少于 5 年的本专业工作经历。

2. 建筑节能检验领域

在建筑节能检验领域，报告审核人应具备本专业中级技术职称且应有不少于 5 年的本专业工作经历。

3.3.4.4　监督员

建筑节能检验领域监督员应具备建筑节能等相关专业高级或以上技术职称且有不少于 5 年建筑节能检验工作经历。

3.3.4.5　检验员

1. 建设工程检验领域

从事建设工程检验的机构，每一领域专业技术人员中从事本专业相关检验工作 3 年以上并具有中级以上（含中级）技术职称的不得少于 6 名，其中具有高级以上（含高级）技术职称的不得少于 2 名。

负责建设工程检验的关键技术人员应为机构的专职人员，实行执（职）业资格管理的检验活动的从业人员其执（职）业资格证书须注册到人员所在的检验机构，行业特殊管理规定除外。

建设工程检验领检验员应具备理工科相关大学专科及以上学历、本专业中级以上（含中级）技术职称，且应有不少于 3 年的本专业工作经历；有职业资格要求的需持资格证书。

注：1. 从事建筑地基基础工程施工质量检验的机构，注册执业资格应为注册土木工程师（岩土）；从事建筑结构工程施工质量检验的机构，注册执业资格应为一级注册建造师、注册监理工程师、一级注册结构工程师等；从事建筑幕墙施工质量检验的机构，注册执业资格应为注册建造师、注册监理工程师、二级注册结构工程师等。

2. 从事建筑地基基础工程性能评价/鉴定、设计图复核的机构，注册执业资格应为注册土木工程师（岩土）；从事建筑结构工程性能评价/鉴定、设计图复核的机构，注册执业资格应为一级注册结构工程师；从事建筑幕墙性能评价/鉴定、设计图复核的机构，注册执业资格应为二级注册结构工程师。

3. 其他行业从事建设工程施工质量检验、性能评价/鉴定、设计图复核的机构，注册执（职）业资格应按行业主管部门的要求执行。

2. 建筑节能检验领域

在建筑节能检验领域，检验机构中从事建筑节能管理和检验的人员应当是签约人员。负责实施检验的人员，必须在检验机构执业。需要时，应具备根据检验结果对总体要求的符合性作出专业判断和出具相应报告的能力。

检验员应具备本专业大学专科（含大学专科）以上学历，且应有不少于2年的本专业工作经历。

负责检验的人员应具备相应的资格、经历和经验，熟悉建设工程检验的要求，且经过建筑节能相关专业知识的培训。从事建筑能耗水平检验的人员应具备建筑学、暖通空调、建筑材料等相关专业背景，熟悉建筑节能设计及质量验收标准，掌握建筑节能领域相应应用软件。

1）从事建筑围护结构热工（建筑墙体、屋面、楼地面、建筑幕墙与门窗）检验的人员应具备建筑工业等民用建筑、建筑材料等相关专业背景，熟悉围护结构构造。

2）从事建筑环境检验的人员应具备建筑物理（光、热）等相关专业背景。

3）从事建筑用能设备和系统检验的人员应具备暖通空调、建筑电气等相关专业背景。

4）从事可再生能源在建筑中的应用检验的人员应具备相关暖通空调、建筑电气等专业背景。

3.4　CNAS 网上申请流程（实例）

以中国合格评定国家认可委员会实验室/检验机构认可业务在线申请系统为例。

3.4.1　登录官网平台，申请实验室认可复评

登录中国合格评定国家认可委员会"实验室/检验机构认可业务在线申请系统"，点击菜单"申请管理""实验室申请"菜单项，打开实验室申请操作列表。点击列表上方的"新建申请"按钮，打开实验室新建申请类型选择页面。

3.4.2　选择评审方式

初次申请已完成的实验室，可选择复评申请、扩项申请、变更申请。选择复评申请后点击"新建申请"按钮，打开实验室复评申请信息填写页面。

3.4.3　概况

进入"概况"界面，填写实验室名称、地址、负责人、联系人、法定代表人等信息（中英文），页面中红色星号为必填项，填写完后点击保存。

3.4.4　基本信息

进入"基本信息"界面，选择实验室类别（检测实验室、开展内部校准的检测实验室、校准实验室等）；选择实验室设施特点（固定、离开固定设施的现场、临时、可移动）；填写实验室参加能力验证情况；填写实验室人员及设施情况；填写实验室技术能力（申请的检测领域描述、申请的检测能力范围、检测的产品/产品类别、申请的授权签字人、实验室多场所说明、实验室获得其他认可的说明、质量体系初始运行时间的说明）并保存。

3.4.5　分类信息

进入"分类信息"界面，填写/勾选实验室概况、实验室特性并保存。

3.4.6　场所相关信息

进入"场所相关信息"界面，左侧为分场所列表，右侧显示多个标签：实验室人员，授权签字人，检测能力范围（含能源之星），校准能力范围，司法鉴定能力范围，能力验证/测量审核。

3.4.6.1　实验室人员

在场所相关信息的实验室人员页面中，点击人员列表中姓名的蓝色链接，可以查看人员的详细信息。在人员列表的最后两列，分别是修改详细信息、修改序号和删除按钮。

3.4.6.2　授权签字人

点击授权签字人列表中姓名的蓝色链接，可以查看人员的详细信息。在授权签字人列表的最后两列，分别是修改详细信息、修改序号和删除按钮。

3.4.6.3　检测能力范围

在场所相关信息页面中，点击检测能力范围（含能源之星）标签，进入检测能力范围页面。点击检测能力范围（含能源之星）页面上方"添加检测对象"按钮，打开添加页面。在类别中选择"产品类型"时，不需要选择全部参数或部分参数，填写完点击"保存"。

在类别中选择"产品"时，有2种项目/参数：全部参数和部分参数。选择产品类别和项目参数后，可以继续填写标准方法、仪器设备等信息。

在检测能力范围页面上方点击"设置大类"按钮，可以为检测对象设置大类。在"实验室能力"大类页面，可以新增类别，选择类别，也可以删改已有类别。点击"新增类别"按钮，打开新增类别页面。填写新增类别信息后保存新增记录。

在检测能力范围（含能源之星）页面上方点击"下载模板"按钮，可以下载数据导入模板；在检测能力范围（含能源之星）页面上方点击"导入数据"按钮，可以批量导入信息。

3.4.6.4　能力验证/测量审核

在场所相关信息页面中点击"能力验证/测量审核"，进入能力验证/测量审核页面。页面上方可以进行查询。

3.4.6.5　附件

点击申请书页面上方的"附件"标签页，进入附件页面。点击文件名称的蓝色链接，进入附件详细信息页面。点击上传，进入添加附件页面。系统提示"上传成功"，点击确定，上传成功。

4　建设工程检测资质管理概述

建设工程质量检测是指在新建、扩建、改建房屋建筑和市政基础设施工程活动中，建设工程质量检测机构接受委托，依据国家有关法律、法规和标准，对建设工程涉及结构安全、主要使用功能的检测项目，进入施工现场的建筑材料、建筑构配件、设备，以及工程实体质量等进行的检测。

本章内容包括建设工程质量检测的介绍、建设工程质量检测相关部门规章和规范性文件、建设工程质量检测相关的管理要求、建设工程质量检测综合资质标准要求和建设工程质量检测专项资质标准要求。

4.1　建设工程质量检测的介绍

2000 年国务院颁布了《建设工程质量管理条例》（国务院令第 279 号），从行政法规的高度确立了建设工程质量检测工作的重要作用。其中第三十一条规定，施工人员对涉及结构安全的试块、试件以及有关材料，应当在建设单位或者工程监理单位监督下现场取样，并送具有相应资质等级的质量检测单位进行检测。

2005 年，建设部发布《建设工程质量检测管理办法》（建设部令第 141 号），规定了建设工程质量检测机构的资质许可、业务开展及对检测活动的监督管理等内容，对规范检测行为、维护检测市场秩序和保证工程质量安全发挥了重要作用。明确了建设工程质量检测机构是具有独立法人资格的中介机构，突出了检测机构市场化和社会化的特征。

2006 年 2 月，建设部发布《关于实施〈建设工程质量检测管理办法〉有关问题的通知》（建质〔2006〕25 号），进一步明确《建设工程质量检测管理办法》的调整范围、资质申请、跨省业务等内容。

住房城乡建设部于 2015 年修订了《建设工程质量检测管理办法》（建设部令第 141 号）。规定了住房城乡建设部颁发的资质证书不分等级，内容共 5 项，分别为见证取样、专项的地基基础、主体结构、钢结构和建筑幕墙工程检测。

近年来，随着建筑市场和检测行业的不断发展，人民群众对建筑品质要求的逐步提升，工程建设中涉及结构安全、使用功能、新型材料等内容的检测项目日益丰富，建设部令第 141 号已不能完全适应行业发展及监管的需要。

2022 年 12 月 29 日，中华人民共和国住房和城乡建设部发布第 57 号令公布了《建设工程质量检测管理办法》。新版《建设工程质量检测管理办法》从明确建设工程质量检测范围、扩充检测市场主体类型、强化资质审批管理、规范建设工程质量检测活动、完善建设工程质量检测责任体系、提高数字化应用水平和加强政府监管及处罚力度等方面进一步强化了建设工程质量检测管理，规范建设工程质量检测行为，维护建设工程质量检测市场秩序，促进建设工程质量检测行业健康发展。

4.2 建设工程质量检测相关规章及政策文件

4.2.1 《建设工程质量检测管理办法》简介

《建设工程质量检测管理办法》自 2023 年 3 月 1 日起施行。原建设部公布的《建设工程质量检测管理办法》（建设部令第 141 号）同时废止。

为了加强对建设工程质量检测的管理，根据《中华人民共和国建筑法》《建设工程质量管理条例》《建设工程抗震管理条例》等法律、行政法规，制定了《建设工程质量检测管理办法》。

根据该办法，建设工程检测机构资质申请不再要求取得计量认证（CMA 资质认定），从原有的由市场监督管理部门获得计量认证并向住房城乡建设主管部门报备，转为直接从住房城乡建设主管部门处取得检测资质。

4.2.2 《建设工程质量检测机构资质标准》简介

2023 年 3 月，住房城乡建设部印发《建设工程质量检测机构资质标准》（建质规〔2023〕1 号），并发布关于做好建设工程质量检测机构新旧资质标准过渡工作的通知。

《建设工程质量检测机构资质标准》是为加强建设工程质量检测管理，根据《建设工程质量管理条例》《建设工程质量检测管理办法》制定的建设工程质量检测机构资质标准。

《建设工程质量检测机构资质标准》从调整检测资质分类、强化检测参数评审、提高技术人员要求、加强设备场所考核、提高检测数字化应用等方面进一步强化建设工程质量检测资质管理，提高检测机构专业技术能力，促进建设工程质量检测行业健康发展，保障建设工程质量。

4.3 建设工程质量检测相关管理要求

4.3.1 建设工程质量检测资质

建设工程质量检测机构应当按照《建设工程质量检测管理办法》取得建设工程质量检测机构资质，并在资质许可的范围内从事建设工程质量检测活动。

未取得相应资质证书的，不得承担本办法规定的建设工程质量检测业务。

4.3.2 建设工程质量检测资质管理部门

4.3.2.1 国务院住房和城乡建设主管部门

国务院住房和城乡建设主管部门负责全国建设工程质量检测活动的监督管理。

4.3.2.2 省、自治区、直辖市人民政府住房和城乡建设主管部门

省、自治区、直辖市人民政府住房和城乡建设主管部门负责本行政区域内检测机构

的资质许可。

4.3.2.3　县级以上地方人民政府住房和城乡建设主管部门

县级以上地方人民政府住房和城乡建设主管部门负责本行政区域内建设工程质量检测活动的监督管理，可以委托所属的建设工程质量监督机构具体实施。

4.3.3　建设工程质量检测资质分类

检测机构资质分为综合资质、专项资质。检测机构资质不分等级。

综合资质是指包括全部专项资质的检测机构资质。承担全部专项资质中已取得检测参数的检测业务。

专项资质包括建筑材料及构配件、主体结构及装饰装修钢结构、地基基础、建筑节能、建筑幕墙、市政工程材料、道路工程、桥梁及地下工程等9个检测机构专项资质。承担所取得专项资质范围内已取得检测参数的检测业务。

除建筑材料及构配件、建筑节能、市政工程材料3个专项外的6个专项检测资质均要求检测机构具备3年以上的质量检测经历（其他6项资质的技术人员要求不少于15人，此3项的要求则是不少于20人）。

4.3.4　资质证书

检测机构资质证书实行电子证照，由国务院住房和城乡建设主管部门制定格式。资质证书有效期为5年。

4.3.5　资质首次申请、资质延续、变更和撤销

4.3.5.1　资质首次申请

申请检测机构资质的单位应当是具有独立法人资格的企业、事业单位，或者依法设立的合伙企业，并具备相应的人员、仪器设备、检测场所、质量保证体系等条件。

4.3.5.2　资质延续

检测机构需要延续资质证书有效期的，应当在资质证书有效期届满30个工作日前向资质许可机关提出资质延续申请。

对符合资质标准且在资质证书有效期内无《建设工程质量检测管理办法》第三十条规定行为的检测机构，经资质许可机关同意，有效期延续5年。

《建设工程质量检测管理办法》第三十条规定：

检测机构不得有下列行为：

1）超出资质许可范围从事建设工程质量检测活动；

2）转包或者违法分包建设工程质量检测业务；

3）涂改、倒卖、出租、出借或者以其他形式非法转让资质证书；

4）违反工程建设强制性标准进行检测；

5）使用不能满足所开展建设工程质量检测活动要求的检测人员或者仪器设备；

6）出具虚假的检测数据或者检测报告。

4.3.5.3　资质变更

检测机构在资质证书有效期内名称、地址、法定代表人等发生变更的，应当在办理营业执照或者法人证书变更手续后 30 个工作日内办理资质证书变更手续。资质许可机关应当在 2 个工作日内办理完毕。

检测机构检测场所、技术人员、仪器设备等事项发生变更影响其符合资质标准的，应当在变更后 30 个工作日内向资质许可机关提出资质重新核定申请，资质许可机关应当在 20 个工作日内完成审查，并作出书面决定。

4.3.5.4　资质撤销

以欺骗、贿赂等不正当手段取得资质证书的，由资质许可机关予以撤销；由县级以上地方人民政府住房和城乡建设主管部门给予警告或者通报批评，并处 5 万元以上 10 万元以下罚款；检测机构 3 年内不得再次申请资质；构成犯罪的，依法追究刑事责任。

4.3.6　监督管理

1）县级以上地方人民政府住房和城乡建设主管部门应当加强对建设工程质量检测活动的监督管理，建立建设工程质量检测监管信息系统，提高信息化监管水平。

2）县级以上人民政府住房和城乡建设主管部门对检测机构实行动态监管，通过"双随机、一公开"等方式开展监督检查。

实施监督检查时，有权采取下列措施：

（1）进入建设工程施工现场或者检测机构的工作场地进行检查、抽测；

（2）向检测机构、委托方、相关单位和人员询问、调查有关情况；

（3）对检测人员的建设工程质量检测知识和专业能力进行检查；

（4）查阅、复制有关检测数据、影像资料、报告、合同及其他相关资料；

（5）组织实施能力验证或者比对试验；

（6）法律、法规规定的其他措施。

3）县级以上地方人民政府住房和城乡建设主管部门应当加强建设工程质量监督抽测。建设工程质量监督抽测可以通过政府购买服务的方式实施。

4）检测机构取得检测机构资质后，不再符合相应资质标准的，资质许可机关应当责令其限期整改并向社会公开。检测机构完成整改后，应当向资质许可机关提出资质重新核定申请。重新核定符合资质标准前出具的检测报告不得作为工程质量验收资料。

5）县级以上地方人民政府住房和城乡建设主管部门对检测机构实施行政处罚的，应当自行政处罚决定书送达之日起 20 个工作日内告知检测机构的资质许可机关和违法行为发生地省、自治区、直辖市人民政府住房和城乡建设主管部门。

6）县级以上地方人民政府住房和城乡建设主管部门应当依法将建设工程质量检测活动相关单位和人员受到的行政处罚等信息予以公开，建立信用管理制度，实行守信激励和失信惩戒。

7）对建设工程质量检测活动中的违法违规行为，任何单位和个人有权向建设工程所在地县级以上人民政府住房和城乡建设主管部门投诉、举报。

4.3.7　法律责任

1）违反《建设工程质量检测管理办法》规定，未取得相应资质、资质证书已过有效期或者超出资质许可范围从事建设工程质量检测活动的，其检测报告无效，由县级以上地方人民政府住房和城乡建设主管部门处 5 万元以上 10 万元以下罚款；造成危害后果的，处 10 万元以上 20 万元以下罚款；构成犯罪的，依法追究刑事责任。

2）检测机构隐瞒有关情况或者提供虚假材料申请资质，资质许可机关不予受理或者不予行政许可，并给予警告；检测机构 1 年内不得再次申请资质。

3）以欺骗、贿赂等不正当手段取得资质证书的，由资质许可机关予以撤销；由县级以上地方人民政府住房和城乡建设主管部门给予警告或者通报批评，并处 5 万元以上 10 万元以下罚款；检测机构 3 年内不得再次申请资质；构成犯罪的，依法追究刑事责任。

4）检测机构未按照《建设工程质量检测管理办法》第十三条第一款规定办理检测机构资质证书变更手续的，由县级以上地方人民政府住房和城乡建设主管部门责令限期办理；逾期未办理的，处 5000 元以上 1 万元以下罚款。

5）检测机构未按照《建设工程质量检测管理办法》第十三条第二款向资质许可机关提出资质重新核定申请的，由县级以上地方人民政府住房和城乡建设主管部门责令限期改正；逾期未改正的，处 1 万元以上 3 万元以下罚款。

6）检测机构违反《建设工程质量检测管理办法》第二十二条、第三十条第六项规定的，由县级以上地方人民政府住房和城乡建设主管部门责令改正，处 5 万元以上 10 万元以下罚款；造成危害后果的，处 10 万元以上 20 万元以下罚款；构成犯罪的，依法追究刑事责任。

检测机构在建设工程抗震活动中有前款行为的，依照《建设工程抗震管理条例》有关规定给予处罚。

7）检测机构违反《建设工程质量检测管理办法》规定，有第三十条第二项至第五项行为之一的，由县级以上地方人民政府住房和城乡建设主管部门责令改正，处 5 万元以上 10 万元以下罚款；造成危害后果的，处 10 万元以上 20 万元以下罚款；构成犯罪的，依法追究刑事责任。

检测人员违反《建设工程质量检测管理办法》规定，有第三十一条行为之一的，由县级以上地方人民政府住房和城乡建设主管部门责令改正，处 3 万元以下罚款。

8）检测机构违反《建设工程质量检测管理办法》规定，有下列行为之一的，由县级以上地方人民政府住房和城乡建设主管部门责令改正，处 1 万元以上 5 万元以下罚款：

（1）与所检测建设工程相关的建设、施工、监理单位，以及建筑材料、建筑构配件和设备供应单位有隶属关系或者其他利害关系的；

（2）推荐或者监制建筑材料、建筑构配件和设备的；

（3）未按照规定在检测报告上签字盖章的；

（4）未及时报告发现的违反有关法律法规规定和工程建设强制性标准等行为的；

（5）未及时报告涉及结构安全、主要使用功能的不合格检测结果的；

（6）未按照规定进行档案和台账管理的；

（7）未建立并使用信息化管理系统对检测活动进行管理的；

（8）不满足跨省、自治区、直辖市承担检测业务的要求开展相应建设工程质量检测活动的；

（9）接受监督检查时不如实提供有关资料、不按照要求参加能力验证和比对试验，或者拒绝、阻碍监督检查的。

9）检测机构违反《建设工程质量检测管理办法》规定，有违法所得的，由县级以上地方人民政府住房和城乡建设主管部门依法予以没收。

10）违反《建设工程质量检测管理办法》规定，建设、施工、监理等单位有下列行为之一的，由县级以上地方人民政府住房和城乡建设主管部门责令改正，处3万元以上10万元以下罚款；造成危害后果的，处10万元以上20万元以下罚款；构成犯罪的，依法追究刑事责任：

（1）委托未取得相应资质的检测机构进行检测的；

（2）未将建设工程质量检测费用列入工程概预算并单独列支的；

（3）未按照规定实施见证的；

（4）提供的检测试样不满足符合性、真实性、代表性要求的；

（5）明示或者暗示检测机构出具虚假检测报告的；

（6）篡改或者伪造检测报告的；

（7）取样、制样和送检试样不符合规定和工程建设强制性标准的。

11）依照《建设工程质量检测管理办法》规定，给予单位罚款处罚的，对单位直接负责的主管人员和其他直接责任人员处3万元以下罚款。

4.3.8　建设工程质量检测资质评审流程

4.3.8.1　申请

申请检测机构资质应当向登记地所在省、自治区、直辖市人民政府住房和城乡建设主管部门提出，并提交下列材料：

1）检测机构资质申请表；

2）主要检测仪器、设备清单；

3）检测场所不动产权属证书或者租赁合同；

4）技术人员的职称证书；

5）检测机构管理制度以及质量控制措施。

检测机构资质申请表由国务院住房和城乡建设主管部门制定格式。

4.3.8.2　评审

资质许可机关受理申请后，应当进行材料审查和专家评审，在20个工作日内完成审查并作出书面决定。对符合资质标准的，自作出决定之日起10个工作日内颁发检测机构资质证书，并报国务院住房和城乡建设主管部门备案。专家评审时间不计算在资质许可期限内。

4.4 建设工程质量检测综合资质标准要求

4.4.1 资历及信誉

1）有独立法人资格的企业、事业单位，或依法设立的合伙企业，且均具有 15 年以上质量检测经历。

2）具有建筑材料及构配件（或市政工程材料）、主体结构及装饰装修、建筑节能、钢结构、地基基础 5 个专项资质和其他 2 个专项资质。

3）具备 9 个专项资质全部必备检测参数，具体见《建设工程质量检测机构资质标准》附件 2 "检测专项及检测能力表"。

4）社会信誉良好，近 3 年未发生过一般及以上工程质量安全责任事故。

4.4.2 主要人员

1）技术负责人应具有工程类专业正高级技术职称，质量负责人应具有工程类专业高级及以上技术职称，且均具有 8 年以上质量检测工作经历。

2）注册结构工程师不少于 4 名（其中，一级注册结构工程师不少于 2 名），注册土木工程师（岩土）不少于 2 名，且均具有 2 年以上质量检测工作经历。

3）技术人员不少于 150 人，其中具有 3 年以上质量检测工作经历的工程类专业中级及以上技术职称人员不少于 60 人、工程类专业高级及以上技术职称人员不少于 30 人。

技术人员是指从事检测试验、检测数据处理、检测报告出具和检测活动技术管理的人员。技术人员应不超过法定退休年龄。

4.4.3 检测设备及场所

1）质量检测设备设施基本齐全，检测设备仪器功能、量程、精度以及配套设备设施满足 9 个专项资质全部必备检测参数要求。

2）有满足工作需要的固定工作场所及质量检测场所。

4.4.4 管理水平

1）有完善的组织机构和质量管理体系，并满足《检测和校准实验室能力的通用要求》（GB/T 27025—2019）要求。

2）有完善的信息化管理系统，检测业务受理、检测数据采集、检测信息上传、检测报告出具、检测档案管理等质量检测活动全过程可追溯。

4.5 建设工程质量检测专项资质标准要求

4.5.1 资历与信誉

1）有独立法人资格的企业、事业单位，或依法设立的合伙企业。

2）主体结构及装饰装修、钢结构、地基基础、建筑幕墙、道路工程、桥梁及地下工程等6项专项资质，应当具有3年以上质量检测经历。

3）具备所申请专项资质的全部必备检测参数。

4）社会信誉良好，近3年未发生过一般及以上工程质量安全责任事故。

4.5.2 主要人员

1）技术负责人应具有工程类专业高级及以上技术职称，质量负责人应具有工程类专业中级及以上技术职称，且均具有5年以上质量检测工作经历。

2）主要人员数量不少于《主要人员配备表》（表4-1）规定要求。

表 4-1 主要人员配备表

序号	专项资质类别	主要人员	
		注册人员	技术人员
1	建筑材料及构配件	无	不少于20人，其中具有3年以上质量检测工作经历的工程类专业中级及以上技术职称人员不少于4人
2	主体结构及装饰装修	不少于1名二级注册结构工程师，且具有2年以上质量检测工作经历	不少于15人，其中具有3年以上质量检测工作经历的工程类专业中级及以上技术职称人员不少于4人，工程类专业高级及以上技术职称人员不少于2人
3	钢结构	不少于1名二级注册结构工程师，且具有2年以上质量检测工作经历	不少于15人，其中具有3年以上质量检测工作经历的工程类专业中级及以上技术职称人员不少于4人，工程类专业高级及以上技术职称人员不少于2人
4	地基基础	不少于1名二级注册土木工程师（岩土），且具有2年以上质量检测工作经历	不少于15人，其中具有3年以上质量检测工作经历的工程类专业中级及以上技术职称人员不少于4人，工程类专业高级及以上技术职称人员不少于2人
5	建筑节能	无	不少于20人，其中具有3年以上质量检测工作经历的工程类专业中级及以上技术职称人员不少于4人
6	建筑幕墙	无	不少于15人，其中具有3年以上质量检测工作经历的工程类专业中级及以上技术职称人员不少于4人，工程类专业高级及以上技术职称人员不少于2人
7	市政工程材料	无	不少于20人，其中具有3年以上质量检测工作经历的工程类专业中级及以上技术职称人员不少于4人，工程类专业高级及以上技术职称人员不少于2人
8	道路工程	无	不少于15人，其中具有3年以上质量检测工作经历的工程类专业中级及以上技术职称人员不少于4人，工程类专业高级及以上技术职称人员不少于2人
9	桥梁及地下工程	不少于1名一级注册结构工程师，1名注册土木工程师（岩土）且具有2年以上质量检测工作经历	不少于15人，其中具有3年以上质量检测工作经历的工程类专业中级及以上技术职称人员不少于4人，工程类专业高级及以上技术职称人员不少于2人

4.5.3　检测设备及场所

1）质量检测设备设施基本齐全，检测设备仪器功能、量程、精度，配套设备设施满足所申请专项资质的全部必备检测参数要求。

2）有满足工作需要的固定工作场所及质量检测场所。

4.5.4　管理水平

1）有完善的组织机构和质量管理体系，有健全的技术、档案等管理制度。

2）有信息化管理系统，质量检测活动全过程可追溯。

5　雷电防护装置检测资质管理概述

雷电灾害防御是指防御和减轻雷电灾害的活动，包括雷电和雷电灾害的研究、监测、预警、风险评估、防护及雷电灾害的调查、鉴定等。

防雷装置是指接闪器、引下线、接地装置、电涌保护器及其连接导体等构成的，用以防御雷电灾害的设施或系统。

取得雷电防护装置检测资质的单位，应当按照资质等级承担相应的雷电防护装置检测工作。禁止无资质证或者超出资质等级承接雷电防护装置检测，禁止转包或者违法分包。

本章内容包括雷电防护装置检测资质相关规章及政策文件、雷电防护装置检测资质相关标准、雷电防护装置检测资质相关管理要求、雷电防护装置检测年度报告和雷电防护装置检测资质申报及评审流程。

5.1　雷电防护装置检测资质相关规章及政策文件

5.1.1　《防雷减灾管理办法》

《防雷减灾管理办法》于 2011 年 7 月 21 日中国气象局第 20 号令公布。根据 2013 年 5 月 31 日公布的《中国气象局关于修改〈防雷减灾管理办法〉的决定》修订。

为了加强雷电灾害防御工作，规范雷电灾害管理提高雷电灾害防御能力和水平，保护国家利益和人民生命财产安全，维护公共安全，促进经济建设和社会发展，依据《中华人民共和国气象法》《中华人民共和国行政许可法》和《气象灾害防御条例》等法律、法规的有关规定，制定本办法。

中华人民共和国领域和中华人民共和国管辖的其他海域内从事雷电灾害防御活动的组织和个人，应当遵守本办法。

第十八条规定：出具检测报告的防雷装置检测机构，应当对隐蔽工程进行逐项检测，并对检测结果负责。检测报告作为竣工验收的技术依据。

第二十条规定：防雷装置检测机构的资质由省、自治区、直辖市气象主管机构负责认定。

第二十一条规定：防雷装置检测机构对防雷装置检测后，应当出具检测报告。不合格的，提出整改意见。被检测单位拒不整改或者整改不合格的，防雷装置检测机构应当报告当地气象主管机构，由当地气象主管机构依法作出处理。

防雷装置检测机构应当执行国家有关标准和规范，出具的防雷装置检测报告必须真实可靠。

第二十九条规定：防雷产品应当由国务院气象主管机构授权的检测机构测试，测试合格并符合相关要求后方可投入使用。

申请国务院气象主管机构授权的防雷产品检测机构，应当按照国家有关规定通过计量认证、获得资格认可。

5.1.2 《雷电防护装置检测资质管理办法》简介

《雷电防护装置检测资质管理办法》于 2016 年 4 月 7 日中国气象局第 31 号令公布，自 2016 年 10 月 1 日起施行。根据 2020 年 11 月 29 日《中国气象局关于修改〈雷电防护装置检测资质管理办法〉的决定》第一次修订。根据 2022 年 8 月 15 日《中国气象局关于修改和废止部分部门规章的决定》第二次修订。

为了加强雷电防护装置检测资质管理，规范雷电防护装置检测行为，保护人民生命财产和公共安全，依据《中华人民共和国气象法》《气象灾害防御条例》等法律法规，制定本办法。

申请雷电防护装置检测资质，实施对雷电防护装置检测资质的监督管理，适用本办法。

5.1.3 《雷电防护装置检测资质单位年度报告管理办法》简介

2021 年 12 月 16 日，为规范雷电防护装置检测资质单位年度报告管理，提高年度报告信息质量和应用水平，中国气象局组织制定了《雷电防护装置检测资质单位年度报告管理办法》，资质单位年度报告的编制、报送、公示、监督管理等适用本办法。

5.2 雷电防护装置检测资质相关标准

5.2.1 《雷电防护装置检测质量考核通则》（QX/T 317—2023）简介

《雷电防护装置检测质量考核通则》（QX/T 317—2023）为气象行业标准，于 2023 年 12 月 1 日实施。本文件规定了雷电防护装置检测质量考核的基本规定和考核方式、考核内容、考核结论、考核报告的要求。本文件适用于雷电防护装置检测质量考核的实施。

5.2.2 《雷电防护装置检测资质认定文件归档整理规范》（QX/T 677—2023）简介

《雷电防护装置检测资质认定文件归档整理规范》（QX/T 677—2023）为气象行业标准，于 2023 年 12 月 1 日实施。本文件规定了雷电防护装置检测资质认定文件立卷、编目、案卷装订和归档的要求，描述了目录、卷内备考表、案卷封面、案卷脊背的编制方法。本文件适用于雷电防护装置检测资质认定文件的归档整理。

5.2.3 《雷电防护装置检测机构信用评价规范》(QX/T 318—2023) 简介

《雷电防护装置检测机构信用评价规范》（QX/T 318—2023）为气象行业标准，于 2023 年 7 月 1 日实施。本文件确立了雷电防护装置检测机构信用评价的通则，规定了雷电防护装置检测机构信用评价报告的要求，描述了雷电防护装置检测机构信用评价的流程和方法。本文件适用于对雷电防护装置检测机构的信用评价活动。

5.2.4　《雷电防护装置检测资质认定现场操作考核规范》（QX/T 646—2022）简介

《雷电防护装置检测资质认定现场操作考核规范》（QX/T 646—2022）为气象行业标准，于2022年4月1日实施。本文件规定了雷电防护装置检测资质认定现场操作考核的基本要求以及考核组、考核对象、考核场地、考核项目、考核流程、考核评分的要求。

本文件适用于雷电防护装置检测资质认定的现场操作考核工作。

5.2.5　《新建雷电防护装置检测报告编制规范》（QX/T 149—2021）简介

《新建雷电防护装置检测报告编制规范》（QX/T 149—2021）为气象行业标准，于2022年1月1日实施。本文件规定了加油加气站、石油库、液化石油气瓶装供应站、石油化工、烟花爆竹工程场所、建（构）筑物和设施雷电防护整改工程、煤炭矿区、旅游景点八类特殊场所新建（新、改、扩建称"新建"）雷电防护装置检测报告编制的通用要求、检测报告表的编制要求。

本文件适用于以下新建建设工程和场所的雷电防护装置检测报告编制：油库、气库、弹药库、化学品仓库、烟花爆竹、石化等易燃易爆建设工程和场所；雷电易发区内的矿区、旅游景点或者投入使用的建（构）筑物，设施等需要单独安装雷电防护装置的场所。

其他场所可参照本文件执行。

5.3　雷电防护装置检测资质相关管理要求

5.3.1　管理部门

雷电防护装置检测资质管理部门包括国务院气象主管机构和省、自治区、直辖市气象主管机构。

国务院气象主管机构负责全国雷电防护装置检测资质的监督管理工作。省、自治区、直辖市气象主管机构负责本行政区域内雷电防护装置检测资质的管理和认定工作，负责其认定的资质单位年度报告监督管理工作。

5.3.2　资质分级

雷电防护装置检测资质等级分为甲、乙两级。甲级资质单位可以从事《建筑物防雷设计规范》规定的第一类、第二类、第三类建（构）筑物的雷电防护装置的检测。乙级资质单位可以从事《建筑物防雷设计规范》规定的第三类建（构）筑物的雷电防护装置的检测。

5.3.3 防雷装置检测资质证

《雷电防护装置检测资质证》分正本和副本，由国务院气象主管机构统一印制。资质证有效期为 5 年。

5.3.4 资质申请、延续和变更

5.3.4.1 资质申请

申请雷电防护装置检测资质的单位，应当向法人登记所在地的省、自治区、直辖市气象主管机构提出申请。

5.3.4.2 资质延续

取得雷电防护装置检测资质的单位，应当在资质证有效期满 3 个月前，向原认定机构提出延续申请。原认定机构根据年度报告、信用档案及资质申请条件，在有效期满前作出是否准予延续的决定。逾期未提出延续申请的，资质证到期自动失效。

5.3.4.3 变更

取得雷电防护装置检测资质的单位在资质证有效期内名称、地址、法定代表人等发生变更的，应当在法人登记机关变更登记后 30 个工作日内，向原资质认定机构申请办理资质证变更手续。

雷电防护装置检测资质的单位发生合并、分立及注册地跨省、自治区、直辖市变更的，应当按照下列规定及时向所在地的省、自治区、直辖市气象主管机构申请核定资质。

1）取得雷电防护装置检测资质的单位合并的，合并后存续或者新设立的单位可以承继合并前各方中较高等级的资质，但应当符合相应的资质条件；

2）取得雷电防护装置检测资质的单位分立的，分立后资质等级根据实际达到的资质条件重新核定；

3）取得雷电防护装置检测资质的单位跨省、自治区、直辖市变更注册地的，由新注册所在地的省、自治区、直辖市气象主管机构核定资质。

5.3.4.3 分支机构

雷电防护装置检测单位设立分支机构或者跨省、自治区、直辖市从事雷电防护装置检测活动的，应当及时向开展活动所在地的省、自治区、直辖市气象主管机构报告，并报送检测项目清单，接受监管。

5.3.5 监督管理

1）任何单位不得以欺骗、弄虚作假等手段取得资质，不得伪造、涂改、出租、出借、挂靠、转让"雷电防护装置检测资质证"。

2）省、自治区、直辖市气象主管机构应当组织或者委托第三方专业技术机构对雷电防护装置检测单位的检测质量进行考核。

3）县级以上地方气象主管机构对本行政区域内的雷电防护装置检测活动进行监督检查，可以采取下列措施：

（1）要求被检查的单位或者个人提供有关文件和资料，进行查询或者复制；

（2）就有关事项询问被检查的单位或者个人，要求作出说明；

（3）进入有关雷电防护装置检测现场进行监督检查。

气象主管机构进行监督检查时，有关单位和个人应当予以配合。

4）取得雷电防护装置检测资质的单位不再符合相应资质条件的，由原资质认定的气象主管机构责令限期整改，整改期限最长不超过3个月。资质单位整改期间不得申请雷电防护装置检测资质的升级，不能承揽新的检测业务。

甲级雷电防护装置检测资质单位逾期不整改或者整改后仍达不到甲级资质条件的，可以申请重新核定资质等级；未申请重新核定资质等级的，予以撤销资质。乙级雷电防护装置检测资质单位逾期不整改或者整改后仍达不到乙级资质条件的，予以撤销资质。

5）国务院气象主管机构应当建立全国雷电防护装置检测单位信用信息、资质等级情况公示制度。省、自治区、直辖市气象主管机构应当对在本行政区域内从事雷电防护装置检测活动单位的监督管理情况、信用信息等及时予以公布。

省、自治区、直辖市气象主管机构应当对本行政区域内取得雷电防护装置检测资质的单位建立信用管理制度，将雷电防护装置检测活动和监督管理等信息纳入信用档案，并作为资质延续、升级的依据。

6）雷电防护装置检测单位有下列情形之一的，县级以上气象主管机构视情节轻重，责令限期整改：

（1）雷电防护装置检测标准适用错误的；

（2）雷电防护装置检测方法不正确的；

（3）雷电防护装置检测内容不全面、达不到相关技术要求或者不足以支持雷电防护装置检测结论的；

（4）雷电防护装置检测结论不明确、不全面或错误的。

7）鼓励防雷行业组织对雷电防护装置检测活动实行行业自律管理，并接受省、自治区、直辖市气象主管机构的政策、业务指导和行业监管。

5.3.6 罚则

1）国家工作人员在雷电防护装置检测资质的认定和管理工作中玩忽职守、滥用职权、徇私舞弊的，依法给予处分；构成犯罪的，依法追究刑事责任。

2）申请单位隐瞒有关情况、提供虚假材料申请资质认定的，有关气象主管机构不予受理或者不予行政许可，并给予警告。申请单位在1年内不得再次申请资质认定。

3）被许可单位以欺骗、贿赂等不正当手段取得资质的，有关气象主管机构按照权限给予警告，撤销其资质证，可以并处3万元以下的罚款；被许可单位在3年内不得再次申请资质认定；构成犯罪的，依法追究刑事责任。

4）雷电防护装置检测单位违反《雷电防护装置检测资质管理办法》规定，有下列行为之一的，由县级以上气象主管机构按照权限责令限期改正，拒不改正的给予警告，《雷电防护装置检测资质证》到期后不予延续，处罚结果纳入全国雷电防护装置检测单位信用信息系统并向社会公示：

（1）与检测项目的设计、施工、监理单位及所使用的防雷产品生产、销售单位有隶属关系或者其他利害关系的；

（2）使用不符合条件的雷电防护装置检测人员的。

5）雷电防护装置检测单位违反《雷电防护装置检测资质管理办法》规定，有下列行为之一的，按照《气象灾害防御条例》第四十五条的规定进行处罚：

（1）伪造、涂改、出租、出借、挂靠、转让雷电防护装置检测资质证的；

（2）向监督检查机构隐瞒有关情况、提供虚假材料或者拒绝提供反映其活动情况的真实材料的；

（3）转包或者违法分包雷电防护装置检测项目的；

（4）无资质或者超越资质许可范围从事雷电防护装置检测的。

5.4 雷电防护装置检测年度报告

雷电防护装置检测资质管理实行年度报告制度。雷电防护装置检测单位应当从取得资质证后次年起，在每年的第二季度向资质认定机构报送年度报告。年度报告应当包括持续符合资质认定条件和要求、执行技术标准和规范情况、分支机构设立和经营情况、检测项目表以及统计数据等内容。

资质认定机构对年度报告内容进行抽查，将抽查结果纳入信用管理，同时记入信用档案并公示。

资质单位应当按照本办法规定编制、报送年度报告，并对上报年度报告内容的真实性、准确性、有效性、完整性负责。

5.4.1 年度报告填写时间

资质单位应当从取得资质证的次年起，于每年 4 月 1 日至 6 月 30 日，通过全国防雷减灾综合管理服务平台填报年度报告。

5.4.2 年度报告内容

资质单位年度报告包括以下内容：

1）基本信息：包括单位名称、法定代表人、统一社会信用代码、资质等级、资质有效期、联系方式、中高级职称人员数量、检测项目总数、分支机构信息等。

2）技术负责人和专业技术人员信息：包括姓名、职称、专业、工作岗位、从事雷电防护装置检测工作时间、单位购买社保时段等。

3）仪器设备信息：包括名称、型号、数量、检定校准有效期等。

4）检测项目信息：包括检测报告编号、项目名称、项目所在地、防雷类别、建（构）筑物数量、合同编号、完成时间、项目技术负责人签署项目情况等。

5）检测工作信息：包括执行质量和安全管理制度，遵守技术标准和规范情况等。

设有分支机构的资质单位应当将分支机构的相应信息纳入年度报告内容。

5.4.3 年度报告公开

资质单位完成年度报告填报后，通过全国防雷减灾综合管理服务平台向社会公开。

年度报告中涉及资质单位非基本信息的内容，由资质单位自主选择是否向社会公开。

经资质单位同意，公民、法人或者其他组织可以查询其选择不公示的信息。

年度报告信息涉及国家秘密、国家安全或者社会公共利益的，未经主管的保密行政管理部门或者国家安全机构批准，资质单位不得向社会公开。

5.4.4 其他

资质单位发现其报送的年度报告信息不准确、不完整的，应当于当年 6 月 30 日前完成更正。

公民、法人或者其他组织发现资质单位公示的年度报告信息存在隐瞒真实情况、弄虚作假的，可以向资质认定机构举报。资质认定机构收到举报材料后应当及时进行处理。

资质认定机构负责组织对资质单位的年度报告内容进行检查。

检查内容涉及分支机构或者跨省项目的，由所在地省、自治区、直辖市气象主管机构配合资质认定机构完成。

年度报告检查工作应当按照"双随机、一公开"方式，制订工作计划，明确抽查范围、方式和时间。

对于出现特殊情况需要重点监管的资质单位可实行专门检查。

资质认定机构开展年度报告检查时，资质单位应当配合，接受询问调查，如实反映情况，并根据需要提供相关证明材料。

资质认定机构应当在年度报告检查工作完成后，将检查结果告知被检查资质单位并公示。

资质单位有下列情形之一的，由资质认定机构纳入资质单位监管信息档案，作为资质不予延续或者不予升级的依据：

1）逾期未报送年度报告的；

2）报送的年度报告内容信息存在隐瞒真实情况、弄虚作假的；

3）拒不配合气象主管机构开展检查的。

5.5 雷电防护装置检测资质申报及评审流程

5.5.1 申请

申请雷电防护装置检测资质的单位应当具备以下基本条件：

1）独立法人资格；

2）具有满足雷电防护装置检测业务需要的经营场所；

3）从事雷电防护装置检测工作的人员应当具备雷电防护装置检测能力；在具备雷电防护装置检测能力的人员中，应当有一定数量的与防雷、建筑、电子、电气、气象、通信、电力、计算机相关专业的高、中级专业技术人员，并在其从业单位参加社会保险；

4) 具有雷电防护装置检测质量管理体系，并有健全的技术、档案和安全管理制度；

5) 具有与所申请资质等级相适应的技术能力和良好信誉；

6) 用于雷电防护装置检测的专用仪器设备应当经法定计量检定机构检定或者校准，并在有效期内。

5.5.1.1 甲级资质

申请甲级资质的单位应同时符合以下条件：

1) 具备雷电防护装置检测能力的人员，其中具有高级技术职称的不少于 2 名，具有中级技术职称的不少于 6 名；技术负责人应当具有高级技术职称，从事雷电防护装置检测工作 4 年以上，并具备甲级资质等级要求的雷电防护装置检测专业知识和能力；

2) 近 3 年内开展的雷电防护装置检测项目不少于 200 个，且未因检测质量问题引发事故；雷电防护装置检测项目通过省、自治区、直辖市气象主管机构组织的质量考核合格率达 90％以上；

3) 具有满足相应技术标准的专业设备（表 5-1）；

4) 取得乙级资质 3 年以上。

申请甲级资质，应当提交以下材料：

1) "雷电防护装置检测资质申请表"（附表 D）；

2) "专业技术人员简表"，具备雷电防护装置检测能力的专业技术人员技术职称证书、身份证明、劳动合同；

3) 雷电防护装置检测质量管理手册；

4) 仪器、设备及相关设施清单，以及检定或者校准证书；

5) 安全生产管理制度；

6) "近三年已完成雷电防护装置检测项目表"；

7) 近 3 年 20 个以上雷电防护装置检测项目的相关资料。

5.5.1.2 乙级资质

申请乙级资质的单位应同时符合以下条件：

1) 具备雷电防护装置检测能力的人员，其中具有高级技术职称的不少于 1 名，具有中级技术职称的不少于 3 名；技术负责人应当具有高级技术职称，从事雷电防护装置设计、施工、检测等工作 2 年以上，并具备乙级资质等级要求的雷电防护装置检测专业知识和能力；

2) 具有满足相应技术标准的专业设备（表 5-1）。

申请乙级资质，应当提交以下材料：

1) "雷电防护装置检测资质申请表"（附表 D）；

2) "专业技术人员简表"，具备雷电防护装置检测能力的专业技术人员技术职称证书、身份证明、劳动合同；

3) 雷电防护装置检测质量管理手册；

4) 仪器、设备及相关设施清单，以及检定或者校准证书；

5) 安全生产管理制度。

表 5-1 雷电防护装置检测专业设备

序号	仪器设备名称	配置台数 甲	配置台数 乙	主要性能要求
1	激光测距仪	✓	✓	量程：0～150m
2	测厚仪	✓	✓	金属厚度测量，超声波
3	经纬仪	✓	✓	量程：0～360°，分辨率：2″
4	拉力计	✓	✓	量程：0～40kgf
5	可燃气体测试仪	✓	✓	适用气体：可燃气体
6	接地电阻测试仪	✓	✓	测试电流：>20mA（正弦波），分辨率：0.01Ω
7	大地网测试仪	✓		测试电流：>3A，分辨率：0.001～99.999Ω，频率可选
8	土壤电阻率测试仪	✓	✓	四线法测量，测试电流：>20mA（正弦波），分辨率：0.01Ω
9	等电位测试仪	✓	✓	测试电流：≥1A，四线法测试，分辨率：0.001Ω，具备大容量锂电池
10	环路电阻测试仪	✓	✓	电阻测量分辨率：0.001Ω，电流测量分辨率：1μA
11	防雷元件测试仪	✓	✓	测试器件：MOV，具备大容量锂电池
12	绝缘电阻测试仪	✓	✓	0～1000MΩ
13	表面阻抗测试仪	✓	✓	测量范围：10^3～10^{10}Ω
14	静电电位测试仪	✓	✓	测量范围：±20kV
15	数字万用表	✓	✓	用于电压、电流、电阻测量，分辨率：3 位半
16	防爆对讲机	✓		用于防爆对讲
17	标准电阻	✓	✓	10^{-3}～10^5Ω，功率 0.5W，线绕型
18	钢卷尺	✓	✓	分辨率：0.01m
19	游标卡尺	✓	✓	量程：0～150mm

5.5.2 受理

省、自治区、直辖市气象主管机构应当在收到全部申请材料之日起 5 个工作日内，作出受理或者不予受理的书面决定。

申请材料齐全且符合法定形式的，应当受理，并出具加盖本行政机关专用印章和注明日期的书面凭证。对不予受理的，应当书面说明理由。

申请材料不齐全或者不符合法定形式的，气象主管机构应当当场或者在收到申请材料之日起 5 个工作日内一次告知申请单位需要补正的全部内容，逾期不告知的，自收到申请材料之日起即视为受理。

5.5.3 资质审查与评审

1. 现场核查

省、自治区、直辖市气象主管机构受理后，可以根据工作需要指派 2 名以上工作人员到申请单位进行现场核查。

2. 评审

省、自治区、直辖市气象主管机构受理后，应当委托雷电防护装置检测资质评审委员会评审，并对评审结果进行审查。评审委员会评审时应当以记名投票方式进行表决，并提出评审意见。省、自治区、直辖市气象主管机构应当建立雷电防护装置检测资质评审专家库，报国务院气象主管机构备案。雷电防护装置检测资质评审委员会的委员应当从雷电防护装置检测资质评审专家库中随机抽取确定，并报国务院气象主管机构备案。

5.5.4 行政许可

省、自治区、直辖市气象主管机构应当自受理行政许可申请之日起 20 个工作日内作出认定，专家评审所需时间不计入许可审查时限，但应当在作出受理决定时书面告知申请单位。通过认定的，认定机构颁发"雷电防护装置检测资质证"，并在作出认定后30 个工作日内报国务院气象主管机构备案。未通过认定的，认定机构在 10 个工作日内书面告知申请单位，并说明理由。

6 水利工程质量检测资质管理概述

水利工程质量检测是指水利工程质量检测单位依据国家有关法律、法规和标准，对水利工程实体及用于水利工程的原材料、中间产品、金属结构和机电设备等进行的检查、测量、试验或度量，并将结果与有关标准、要求进行比较以确定工程质量是否合格所进行的活动。

本章内容包括水利工程质量检测相关规章及政策文件、水利工程质量检测相关管理要求和水利工程质量检测资质等级标准。

6.1 水利工程质量检测相关规章及政策文件

6.1.1 《水利工程质量管理规定》简介

《水利工程质量管理规定》于 2023 年 1 月 12 日由中华人民共和国水利部令第 52 号发布。1997 年 12 月 21 日水利部发布的《水利工程质量管理规定》同时废止。

为了加强水利工程质量管理，保证水利工程质量，推动水利工程建设高质量发展，根据《中华人民共和国建筑法》《建设工程质量管理条例》《建设工程勘察设计管理条例》等法律、行政法规，制定本规定。

从事水利工程建设（包括新建、扩建、改建、除险加固等）有关活动及其质量监督管理，应当遵守本规定。

第四十七条规定：水利工程质量检测单位应当在资质等级许可的范围内承揽水利工程质量检测业务，禁止超越资质等级许可的范围或者以其他单位的名义承揽水利工程质量检测业务，禁止允许其他单位或者个人以本单位的名义承揽水利工程质量检测业务，不得转让承揽的水利工程质量检测业务。原材料、中间产品和设备供应商等单位应当在生产经营许可范围内承担相应业务。

第四十八条规定：质量检测单位应当依照有关法律、法规、规章、技术标准和合同，及时、准确地向委托方提交质量检测报告并对质量检测成果负责。

质量检测单位应当建立检测结果不合格项目台账，并将可能形成质量隐患或者影响工程正常运行的检测结果及时报告委托方。

第五十条规定：质量检测单位、监测单位不得出具虚假和不实的质量检测报告、监测报告，不得篡改或者伪造质量检测数据、监测数据。

任何单位和个人不得明示或者暗示质量检测单位、监测单位出具虚假和不实的质量检测报告、监测报告，不得篡改或者伪造质量检测数据、监测数据。

6.1.2 《水利工程质量检测管理规定》简介

《水利工程质量检测管理规定》于 2008 年 11 月 3 日由中华人民共和国水利部令第 36 号发布，自 2009 年 1 月 1 日起施行。根据 2017 年 12 月 22 日《水利部关于废止和修改部分规章的决定》修正。根据 2019 年 5 月 10 日《水利部关于修改部分规章的决定》第二次修正。

为加强水利工程质量检测管理，规范水利工程质量检测行为，根据《建设工程质量管理条例》《国务院对确需保留的行政审批项目设定行政许可的决定》，制定本规定。

第二条规定：从事水利工程质量检测活动以及对水利工程质量检测实施监督管理，适用本规定。

第三条规定：检测单位应当按照本规定取得资质，并在资质等级许可的范围内承担质量检测业务。

6.1.3 《水利工程质量检测单位资质等级标准》简介

2018 年 4 月 4 日，水利部发布《水利工程质量检测单位资质等级标准》公告。该标准根据《水利部关于废止和修改部分规章的决定》（水利部令第 49 号）第二十条"检测单位资质等级标准由水利部另行制定并向社会公告"的要求制定，自印发之日起施行。

6.1.4 《关于水利工程甲级质量检测单位资质认定有关事项的公告》

2023 年 8 月，水利部发布《关于水利工程甲级质量检测单位资质认定有关事项的公告》，对水利工程甲级质量检测单位资质认定有关人员、业绩和检测能力认定等事项公告。

6.1.5 《关于进一步推进水利工程质量检测单位乙级资质认定改革工作的意见》

2019 年 11 月，《关于进一步推进水利工程质量检测单位乙级资质认定改革工作的意见》（办建设〔2019〕244 号）发布，从水利工程质量检测单位乙级资质"资质认定告知承诺制度""优化乙级资质准入服务措施"和"抓好乙级资质认定改革事项落实"3 个方面提出了意见。

6.1.6 《水利工程质量检测员资格规定》《水利工程质量检测员资格考试实施办法》

2024 年 4 月，水利部发布了《水利工程质量检测员资格规定》《水利工程质量检测员资格考试实施办法》。

6.2 水利工程质量检测相关管理要求

6.2.1 管理部门

水利工程质量检测管理部门为水利部，省、自治区、直辖市人民政府水行政主管部门、县级人民政府水行政主管部门和流域管理机构。水利部负责审批检测单位甲级资质。省、自治区、直辖市人民政府水行政主管部门负责审批检测单位乙级资质。

检测单位资质原则上采用集中审批方式，受理时间由审批机关提前 3 个月向社会公告。

6.2.2 资质分级

检测单位资质分为岩土工程、混凝土工程、金属结构、机械电气和量测 5 个类别。每个类别分为甲级、乙级 2 个等级。

取得甲级资质的检测单位可以承担各等级水利工程的质量检测业务。大型水利工程（含一级堤防）主要建筑物及水利工程质量与安全事故鉴定的质量检测业务，必须由具有甲级资质的检测单位承担。取得乙级资质的检测单位可以承担除大型水利工程（含一级堤防）主要建筑物外的其他各等级水利工程的质量检测业务。

水利工程甲级质量检测单位相关要求如下：

1）技术负责人提供材料包括职称证书、劳动合同及自申请当月之前 3 个月的社会保险参保缴费材料。

社会保险应包括《中华人民共和国社会保险法》等法律法规规定应缴纳的基本养老、基本医疗、失业和工伤等险种，缴费单位原则上应与申报单位一致。除《住房和城乡建设部办公厅关于做好工程建设领域专业技术人员职业资格"挂证"等违法违规行为专项整治工作的补充通知》规定的 6 种情形外，申报单位上级公司、子公司、所属事业单位、人力资源服务机构等其他单位缴纳或个人缴纳社会保险不予认可，分公司缴纳的社会保险予以认可，但需作出情况说明，与其他申请材料一并提交（下同）。

2）技术负责人的"水利水电工程建设相关工作经历"是指从事水利水电工程规划、勘测、设计、施工、监理、检测、咨询、科研等工作的经历。

3）检测人员提供材料包括职称证书、劳动合同及自申请当月之前 3 个月的社会保险参保缴费材料。申报单位可聘用技术能力符合要求的退休人员，但不得担任技术负责人，年龄不得超过 70 周岁。退休人员无法提供符合规定的劳动合同及社会保险参保缴费材料的，可提供劳务合同、意外伤害保险投保缴费材料作为替代并需作出情况说明，与其他申请材料一并提交。

4）检测人员具有的水利工程质量检测员资格专业应与申报资质专业类别一致，水利水电工程及相关专业中级以上技术职称应与申报资质专业类别相对应。

5）检测人员具有水利工程质量检测员职业资格且包含多个专业的，在申请相应类别甲级资质时，可重复计算申报人员数量。

6）技术负责人在其他单位缴纳社会保险或者注册其他职业资格的，人员配备认定为不达标，一般人员在其他单位缴纳社会保险或者注册其他职业资格的，申报人员数量按扣除有关人员数量后认定。

7）"近 3 年内承担过"指自申请资质当月起逆推 3 年期间承担过或正在承担的工程质量检测业绩。如申请资质当月为 2023 年 8 月，"近 3 年内"的业绩是指 2020 年 1 月 1 日至 2023 年 8 月承担过或正在承担的工程质量检测业绩。超过此时限的工程业绩不予认可。

8）超越资质等级许可范围承揽工程、转包、违法违规分包的业绩不予认可。往年未通过资质延续的单位，在原资质有效期内承揽的符合原资质许可的业务范围并满足"近3年内"要求的大型水利水电工程业绩，可认定为有效业绩。

9）检测业绩证明材料包括检测合同、检测工程等级证明及代表性检测成果（加盖CMA章的检测报告），不符合申报资质类型的业绩不予认定。

10）检验检测机构资质认定（计量认证）证书和证书附表中所列参数应包含《水利部关于发布水利工程质量检测单位资质等级标准的公告》规定的申请专业类别所需的全部参数。参数依据的标准需优先采用水利行业标准，无水利行业标准的，可采用国家标准和规范或其他相关行业标准。具体要求见表6-1～表6-5。

6.2.3　"资质等级证书"

"资质等级证书"有效期为3年。

6.2.4　资质申请、变更和延续

6.2.4.1　资质申请

检测单位应当向审批机关提交下列申请材料：

1）"水利工程质量检测单位资质等级申请表"；

2）计量认证资质证书和证书附表复印件；

3）主要试验检测仪器、设备清单；

4）主要负责人、技术负责人的职称证书复印件；

5）管理制度及质量控制措施。

具有乙级资质的检测单位申请甲级资质的，还需提交近3年承担质量检测业务的业绩及相关证明材料。

检测单位可以同时申请不同专业类别的资质。

检测单位发生分立的，应当按照规定重新申请资质等级。

6.2.4.2　资质延续

有效期届满，需要延续的，检测单位应当在有效期届满30日前，向原审批机关提出申请。原审批机关应当在有效期届满前作出是否延续的决定。

具有乙级资质的检测单位申请延续资质认定证书有效期时，对于上一许可周期内无违法违规行为，未列入水利建设市场"重点关注名单"或"黑名单"，并且申请事项无实质变化的，行政审批部门无须实施现场评审，可以采取形式审查方式，对于符合要求的，予以延续资质认定证书有效期。

6.2.4.3　变更

检测单位变更名称、地址、法定代表人、技术负责人的，应当自发生变更之日起60日内到原审批机关办理资质等级证书变更手续。

申请人法定代表人、技术负责人、地址、单位名称等无实质性影响的变更事项，可以自我声明变更内容真实有效且符合资质认定相关要求，行政审批部门通过备案方式办理资质证书变更手续。

6.2.5 罚则

1）违反《水利工程质量检测管理规定》，未取得相应的资质，擅自承担检测业务的，其检测报告无效，由县级以上人民政府水行政主管部门责令改正，可并处 1 万元以上 3 万元以下的罚款。

2）隐瞒有关情况或者提供虚假材料申请资质的，审批机关不予受理或者不予批准，并给予警告或者通报批评，两年之内不得再次申请资质。

3）以欺骗、贿赂等不正当手段取得"资质等级证书"的，由审批机关予以撤销，3 年内不得再次申请，可并处 1 万元以上 3 万元以下的罚款；构成犯罪的，依法追究刑事责任。

4）检测单位违反《水利工程质量检测管理规定》，有下列行为之一的，由县级以上人民政府水行政主管部门责令改正，有违法所得的，没收违法所得，可并处 1 万元以上 3 万元以下的罚款；构成犯罪的，依法追究刑事责任：

（1）超出资质等级范围从事检测活动的；

（2）涂改、倒卖、出租、出借或者以其他形式非法转让"资质等级证书"的；

（3）使用不符合条件的检测人员的；

（4）未按规定上报发现的违法违规行为和检测不合格事项的；

（5）未按规定在质量检测报告上签字盖章的；

（6）未按照国家和行业标准进行检测的；

（7）档案资料管理混乱，造成检测数据无法追溯的；

（8）转包、违规分包检测业务的。

5）检测单位伪造检测数据，出具虚假质量检测报告的，由县级以上人民政府水行政主管部门给予警告，并处 3 万元罚款；给他人造成损失的，依法承担赔偿责任；构成犯罪的，依法追究刑事责任。

6）违反《水利工程质量检测管理规定》，委托方有下列行为之一的，由县级以上人民政府水行政主管部门责令改正，可并处 1 万元以上 3 万元以下的罚款：

（1）委托未取得相应资质的检测单位进行检测的；

（2）明示或暗示检测单位出具虚假检测报告，篡改或伪造检测报告的；

（3）送检试样弄虚作假的。

7）检测人员从事质量检测活动中，有下列行为之一的，由县级以上人民政府水行政主管部门责令改正，给予警告，可并处 1000 元以下罚款：

（1）不如实记录，随意取舍检测数据的；

（2）弄虚作假、伪造数据的；

（3）未执行法律、法规和强制性标准的。

8）县级以上人民政府水行政主管部门、流域管理机构及其工作人员，有下列行为之一的，由其上级行政机关或者监察机关责令改正；情节严重的，对直接负责的主管人员和其他直接责任人员依法给予行政处分；构成犯罪的，依法追究刑事责任：

（1）对符合法定条件的申请不予受理或者不在法定期限内批准的；

（2）对不符合法定条件的申请人签发"资质等级证书"的；

（3）利用职务上的便利，收受他人财物或者其他好处的；

（4）不依法履行监督管理职责，或者发现违法行为不予查处的。

6.2.6 监督管理

1）县级以上人民政府水行政主管部门应当加强对检测单位及其质量检测活动的监督检查，主要检查下列内容：

（1）是否符合资质等级标准；

（2）是否有涂改、倒卖、出租、出借或者以其他形式非法转让"资质等级证书"的行为；

（3）是否存在转包、违规分包检测业务及租借、挂靠资质等违规行为；

（4）是否按照有关标准和规定进行检测；

（5）是否按照规定在质量检测报告上签字盖章，质量检测报告是否真实；

（6）仪器设备的运行、检定和校准情况；

（7）法律、法规规定的其他事项。

流域管理机构应当加强对所管辖的水利工程的质量检测活动的监督检查。

2）县级以上人民政府水行政主管部门和流域管理机构实施监督检查时，有权采取下列措施：

（1）要求检测单位或者委托方提供相关的文件和资料；

（2）进入检测单位的工作场地（包括施工现场）进行抽查；

（3）组织进行比对试验以验证检测单位的检测能力；

（4）发现有不符合国家有关法律、法规和标准的检测行为时，责令改正。

3）县级以上人民政府水行政主管部门和流域管理机构在监督检查中，可以根据需要对有关试样和检测资料采取抽样取证的方法；在证据可能灭失或者以后难以取得的情况下，经负责人批准，可以先行登记保存，并在 5 日内作出处理，在此期间，当事人和其他有关人员不得销毁或者转移试样和检测资料。

6.2.7 评审流程

6.2.7.1 受理

审批机关收到检测单位的申请材料后，应当依法作出是否受理的决定，并向检测单位出具书面凭证；申请材料不齐全或者不符合法定形式的，应当在 5 日内一次告知检测单位需要补正的全部内容。

6.2.7.2 批准

审批机关应当在法定期限内作出批准或者不予批准的决定。听证、专家评审及公示所需时间不计算在法定期限内，行政机关应当将所需时间书面告知申请人。决定予以批准的，颁发"水利工程质量检测单位资质等级证书"；不予批准的，应当书面通知检测单位并说明理由。

6.2.7.3 评审

审批机关在作出决定前，应当组织对申请材料进行评审，必要时可以组织专家进行现场评审，并将评审结果公示，公示时间不少于 7 日。

6.3 水利工程质量检测资质等级标准

6.3.1 人员配备、业绩、管理体系和质量保证体系要求

水利工程质量检测资质人员配备、业绩、管理体系和质量保证体系要求见表6-6。

表6-6 水利工程质量检测资质人员配备、业绩、管理体系和质量保证体系要求

等级		甲级	乙级
人员配备	技术负责人	具有10年以上从事水利水电工程建设相关工作经历，并具有水利水电专业高级以上技术职称	具有8年以上从事水利水电工程建设相关工作经历，并具有水利水电专业高级以上技术职称
	检测人员	具有水利工程质量检测员职业资格或者具备水利水电工程及相关专业中级以上技术职称人员不少于15人	具有水利工程质量检测员职业资格或者具备水利水电工程及相关专业中级以上技术职称人员不少于10人
业绩	延续	近3年内至少承担过3个大型水利水电工程（含一级堤防）或6个中型水利水电工程（含二级堤防）的主要检测任务	—
	新申请	近3年内至少承担过6个中型水利水电工程（含二级堤防）的主要检测任务	
管理体系和质量保证体系		有健全的技术管理和质量保证体系，有计量认证资质证书	

6.3.2 检测能力

水利工程质量检测能力要求见表6-7。

表6-7 水利工程质量检测能力要求

类别		主要检测项目及参数
岩土工程类	甲级	（一）土工指标检测15项 含水率、比重、密度、颗粒级配、相对密度、最大干密度、最优含水率、三轴压缩强度、直剪强度、渗透系数、渗透临界坡降、压缩系数、有机质含量、液限、塑限 （二）岩石（体）指标检测8项 块体密度、含水率、单轴抗压强度、抗剪强度、弹性模量、岩块声波速度、岩体声波速度、变形模量 （三）基础处理工程检测12项 原位密度、标准贯入击数、地基承载力、单桩承载力、桩身完整性、防渗墙身完整性、锚索锚固力、锚杆拉拔力、锚杆杆体入孔长度、锚杆注浆饱满度、透水率（压水）、渗透系数（注水） （四）土工合成材料检测11项 单位面积质量、厚度、拉伸强度、撕裂强力、圆柱顶破强力、落锤穿透孔径、伸长率、等效孔径、垂直渗透系数、耐静水压力、老化特性
	乙级	（一）土工指标检测12项 含水率、比重、密度、颗粒级配、相对密度、最大干密度、最优含水率、渗透系数、渗透临界坡降、直剪强度、液限、塑限 （二）岩石（体）指标检测5项 块体密度、含水率、单轴抗压强度、弹性模量、变形模量 （三）基础处理工程检测4项 原位密度、标准贯入击数、地基承载力、单桩承载力 （四）土工合成材料检测6项 单位面积质量、厚度、拉伸强度、撕裂强力、圆柱顶破强力、伸长率

类别		主要检测项目及参数
混凝土工程类	甲级	（一）水泥 10 项 细度、标准稠度用水量、凝结时间、安定性、胶砂流动度、胶砂强度、比表面积、烧失量、碱含量、三氧化硫含量 （二）粉煤灰 7 项 强度活性指数、需水量比、细度、安定性、烧失量、三氧化硫含量、含水量 （三）混凝土骨料 14 项 细度模数、（砂、石）饱和面干吸水率、含泥量、堆积密度、表观密度、针片状颗粒含量、软弱颗粒含量、坚固性、压碎指标、碱活性、硫酸盐及硫化物含量、有机质含量、云母含量、超逊径颗粒含量 （四）混凝土和混凝土结构 18 项 拌和物坍落度、拌和物泌水率、拌和物均匀性、拌和物含气量、拌和物表观密度、拌和物凝结时间、拌和物水胶比、抗压强度、轴向抗拉强度、抗折强度、弹性模量、抗渗等级、抗冻等级、钢筋间距、混凝土保护层厚度、碳化深度、回弹强度、内部缺陷 （五）钢筋 5 项 抗拉强度、屈服强度、断后伸长率、接头抗拉强度、反复弯曲 （六）砂浆 5 项 稠度、泌水率、表观密度、抗压强度、抗渗 （七）外加剂 12 项 减水率、固体含量（含固量）、含水率、含气量、pH 值、细度、氯离子含量、总碱量、收缩率比、泌水率比、抗压强度比、凝结时间差 （八）沥青 4 项 密度、针入度、延度、软化点 （九）止水带材料检测 4 项 拉伸强度、拉断伸长率、撕裂强度、压缩永久变形
	乙级	（一）水泥 6 项 细度、标准稠度用水量、凝结时间、安定性、胶砂流动度、胶砂强度 （二）混凝土骨料 9 项 细度模数、（砂、石）饱和面干吸水率、含泥量、堆积密度、表观密度、针片状颗粒含量、坚固性、压碎指标、软弱颗粒含量 （三）混凝土和混凝土结构 9 项 拌和物坍落度、拌和物泌水率、拌和物均匀性、拌和物含气量、拌和物表观密度、拌和物凝结时间、拌和物水胶比、抗压强度、抗折强度 （四）钢筋 5 项 抗拉强度、屈服强度、断后伸长率、接头抗拉强度、反复弯曲 （五）砂浆 4 项 稠度、泌水率、表观密度、抗压强度 （六）外加剂 7 项 减水率、固体含量（含固量）、含气量、pH 值、细度、抗压强度比、凝结时间差
金属结构类	甲级	（一）铸锻、焊接、材料质量与防腐涂层质量检测 16 项 铸锻件表面缺陷、钢板表面缺陷、铸锻件内部缺陷、钢板内部缺陷、焊缝表面缺陷、焊缝内部缺陷、抗拉强度、伸长率、硬度、弯曲、表面清洁度、涂料涂层厚度、涂料涂层附着力、金属涂层厚度、金属涂层结合强度、腐蚀深度与面积 （二）制造安装与在役质量检测 8 项 几何尺寸、表面缺陷、温度、变形量、振动频率、振幅、橡胶硬度、水压试验 （三）启闭机与清污机检测 14 项 电压、电流、电阻、启门力、闭门力、钢丝绳缺陷、硬度、上拱度、上翘度、挠度、行程、压力、表面粗糙度、负荷试验
	乙级	（一）铸锻、焊接、材料质量与防腐涂层质量检测 7 项 铸锻件表面缺陷、钢板表面缺陷、焊缝表面缺陷、焊缝内部缺陷、表面清洁度、涂料涂层厚度、涂料涂层附着力 （二）制造安装与在役质量检测 4 项 几何尺寸、表面缺陷、温度、水压试验 （三）启闭机与清污机检测 7 项 钢丝绳缺陷、硬度、主梁上拱度、上翘度、挠度、行程、压力

续表

类别		主要检测项目及参数
机械电气类	甲级	（一）水力机械21项 流量、流速、水头（扬程）、水位、压力、压差、真空度、压力脉动、空蚀及磨损、温度、效率、转速、振动位移、振动速度、振动加速度、噪声、形位公差、粗糙度、硬度、振动频率、材料力学性能（抗拉强度、弯曲及延伸率） （二）电气设备16项 频率、电流、电压、电阻、绝缘电阻、交流耐压、直流耐压、励磁特性、变比及组别测量、相位检查、合分闸同期性、密封性试验、绝缘油介电强度、介质损耗因数、电气间隙和爬电距离、开关操作机构机械性能
	乙级	（一）水力机械10项 流量、水头（扬程）、水位、压力、空蚀及磨损、效率、转速、噪声、粗糙度、材料力学性能（抗拉强度、弯曲及延伸率） （二）电气设备8项 频率、电流、电压、电阻、绝缘电阻、励磁特性、相位检查、开关操作机构机械性能
量测类	甲级	量测类24项 高程、平面位置、建筑物纵横轴线、建筑物断面几何尺寸、结构构件几何尺寸、角度、坡度、平整度、水平位移、垂直位移、振动频率、加速度、速度、接缝和裂缝开合度、倾斜、渗流量、扬压力、渗透压力、孔隙水压力、温度、应力、应变、地下水位、土压力
	乙级	量测类17项 高程、平面位置、建筑物纵横轴线、建筑物断面几何尺寸、结构构件几何尺寸、坡度、平整度、水平位移、垂直位移、接缝和裂缝开合度、渗流量、扬压力、渗透压力、孔隙水压力、应力、应变、地下水位

6.4　水利工程质量检测员资格规定

　　水利工程质量检测员是指从事水利工程质量检测活动，并通过职业资格考试取得中华人民共和国水利工程质量检测员资格证书的专业技术人员。国家设立水利工程质量检测员资格，资格类别为水平评价类，纳入国家职业资格目录，面向全社会提供水利工程质量检测员水平评价服务。

6.4.1　职业资格考试制度

　　水利工程质量检测员资格实行考试的评价方式，通过水利工程质量检测员资格考试并取得资格证书的人员，表明其已具备从事水利工程质量检测专业技术岗位工作的职业能力。

6.4.1.1　考试专业设置

　　水利工程质量检测员资格包括岩土工程、混凝土工程、金属结构、机械电气、量测5个专业。

　　水利工程质量检测员资格考试设"水利工程质量检测基础知识""岩土工程""混凝土工程""金属结构""机械电气""量测"6个科目。其中，"水利工程质量检测基础知识"为基础科目，"岩土工程""混凝土工程""金属结构""机械电气""量测"为专业科目。

6.4.1.2　考试周期管理

　　水利工程质量检测员资格考试原则上每年举行一次。

水利工程质量检测员资格考试成绩实行 2 年为一个周期的滚动管理。在连续 2 个考试年度内，基础科目和任一专业科目考试合格，为资格考试合格，可取得水利部颁发的相应专业的"中华人民共和国水利工程质量检测员资格证书"（电子证书，简称"水利工程质量检测员资格证书"）。

按照本办法取得某一专业水利工程质量检测员资格证书的人员或 2013 年 12 月 31 日前取得中国水利工程协会颁发的某一专业水利工程质量检测员资格证书的人员，报名参加其他专业水利工程质量检测员资格考试的，可免考基础科目。考试合格后，水利部核发相应专业考试合格证明。

6.4.2.3　报考条件

凡遵守中华人民共和国宪法、法律、法规，具有良好的业务素质和诚信记录，具备下列条件之一者，可报名参加水利工程质量检测员资格考试：

1）具有各工程大类专业大学专科学历（或高等职业教育），从事水利工程质量检测业务工作满 3 年；

2）具有工学、管理科学与工程类专业大学本科学历或学位，从事水利工程质量检测业务工作满 1 年；

3）具有工学、管理科学与工程一级学科硕士学位或博士学位；

4）取得其他学科门类专业的上述学历或者学位人员，从事水利工程质量检测业务工作年限相应增加 1 年。

6.4.2　继续教育

水利工程质量检测员应按照国家专业技术人员继续教育有关规定接受继续教育，继续教育每年不少于 30 学时，内容包括水利工程质量检测人员应掌握的法律法规、政策理论、职业道德、技术信息等基本知识；水利工程质量检测相关规章制度、技术标准、规程规范和新理论、新技术、新方法等专业知识。

水利工程质量检测员的继续教育形式包括面授培训、远程（网络）培训及学术会议、学术报告、专业论坛等。为水利工程质量检测员提供继续教育服务的机构，应当具备与继续教育目的任务相适应的场所、设施、教材和人员，建立健全组织机构和管理制度，如实出具继续教育证明，载明继续教育的内容和学时，并加盖机构印章。水利部鼓励继续教育机构为水利工程质量检测员免费提供远程（网络）培训。

6.4.3　登记

水利工程质量检测员资格实行从业信息登记服务制度。从事水利工程质量检测活动并取得水利工程质量检测员资格证书的人员，在水利部政务服务平台登记工作单位、从事专业、继续教育等信息。

水利部政务服务平台登记信息可作为从事水利工程质量检测活动的有效证明，水利工程质量检测员在参与招标投标、出具检测报告、接受监督检查等过程中应主动出示。

2013 年 12 月 31 日前中国水利工程协会颁发的"水利工程质量检测员资格证书"，与本规定中的水利工程质量检测员资格证书具有同等效用。

7　公路水运工程质量检测资质管理概述

公路水运工程是指经依法审批、核准或备案的公路、水运基础设施的新建、改建、扩建等建设项目。

公路水运工程质量检测是按照规定取得公路水运工程质量检测机构资质的公路水运工程质量检测机构，根据国家有关法律、法规的规定，依据相关技术标准、规范、规程，对公路水运工程所用材料、构件、工程制品、工程实体等进行的质量检测活动。

本章内容包括公路水运工程质量检测相关部门规章、规范性文件和标准，公路水运工程质量检测资质管理，公路水运工程质量检测机构资质等级条件，公路水运工程质量检测人员职业资格，公路水运工程检测机构资质审批流程和公路水运工程检测机构和人员信用评价评价。

7.1　公路水运工程质量检测相关部门规章、规范性文件和标准

7.1.1　相关部门规章及规范性文件

7.1.1.1　《公路水运工程质量检测管理办法》简介

《公路水运工程质量检测管理办法》（中华人民共和国交通运输部令 2023 年第 9 号）于 2023 年 8 月 18 日经第 17 次部务会议通过，自 2023 年 10 月 1 日起施行。交通部 2005 年 10 月 19 日公布的《公路水运工程试验检测管理办法》（中华人民共和国交通部令 2005 年第 12 号），交通运输部 2016 年 12 月 10 日公布的《交通运输部关于修改〈公路水运工程试验检测管理办法〉的决定》（交通运输部令 2016 年第 80 号），2019 年 11 月 28 日公布的《中华人民共和国交通运输部关于修改〈公路水运工程试验检测管理办法〉的决定》（交通运输部令 2019 年第 38 号）同时废止。

《公路水运工程质量检测管理办法》由总则、检测机构资质管理、检测活动管理、监督管理、法律责任、附则共六章五十九条组成。公路水运工程质量检测机构、质量检测活动及监督管理，适用本办法。

7.1.1.2　《公路水运工程质量监督管理规定》简介

《公路水运工程质量监督管理规定》于 2017 年 9 月 4 日由中华人民共和国交通运输部令 2017 年第 28 号公布，自 2017 年 12 月 1 日起施行。

为了加强公路水运工程质量监督管理，保证工程质量，根据《中华人民共和国公路法》《中华人民共和国港口法》《中华人民共和国航道法》《建设工程质量管理条例》等法律、行政法规，制定本规定。

第二十五条规定：公路水运工程交工验收前，建设单位应当组织对工程质量是否合格进行检测，出具交工验收质量检测报告，连同设计单位出具的工程设计符合性评价意见、监理单位提交的工程质量评定或者评估报告一并提交交通运输主管部门委托的建设工程质量监督机构。

交通运输主管部门委托的建设工程质量监督机构应当对建设单位提交的报告材料进行审核，并对工程质量进行验证性检测，出具工程交工质量核验意见。

工程交工质量核验意见应当包括交工验收质量检测工作组织、质量评定或者评估程序执行、监督管理过程中发现的质量问题整改以及工程质量验证性检测结果等情况。

7.1.1.3　《公路水运行业产品质量监督抽查管理办法》简介

2020 年，为切实履行《中华人民共和国产品质量法》有关要求，强化交通运输产品质量监督管理、保障行业高质量发展和交通强国建设，交通运输部印发了《交通运输部关于印发〈公路水路行业产品质量监督抽管理办法〉的通知》（交科技规〔2020〕2 号），自 2020 年 5 月 1 日施行。2012 年印发的《交通运输部关于印发〈交通运输产品质量行业监督抽查管理办法（试行）〉的通知》（交科技发〔2012〕32 号）同时废止。

《公路水路行业产品质量监督抽管理办法》由总则、抽样、检验、监督管理和附则共五章三十八条组成。

7.1.1.4　《公路水运工程试验检测信用评价方法》简介

2018 年《交通运输部关于印发〈公路水运工程试验检测信用评价办法〉的通知》（交安监发〔2018〕78 号）发布，通过建立行业信用体系，加强公路水运试验检测管理和诚信建设，引导和监控试验检测市场和试验检测行为，树立检测机构讲诚信的风气。本办法自 2018 年 7 月 1 日起施行，有效期 5 年。交通运输部于 2009 年 6 月 25 日发布的《关于印发〈公路水运工程试验检测信用评价办法（试行）〉的通知》（交质监发〔2009〕318 号）同时废止。2023 年 5 月 5 日，交通运输部安全与质量监督管理司发布关于《公路水运工程质量检测信用评价办法（征求意见稿）》公开征求意见的通知，各检测机构可随时关注交通运输部官网查看实施情况。

7.1.1.5　《公路水运工程质量检测机构资质等级条件》简介

2023 年 10 月 7 日，交通运输部公布《公路水运工程质量检测机构资质等级条件》及《公路水运工程质量检测机构资质审批专家技术评审工作程序》的通知，印发之日起施行。原《公路水运工程试验检测机构等级标准》及《公路水运工程试验检测机构等级评定及换证复核工作程序》同时废止。

7.1.1.6　《公路水运工程质量检测机构资质审批专家技术评审工作程序》简介

为确保公路水运工程质量检测机构资质审批工作科学、公正、规范，根据《公路水运工程质量检测管理办法》（中华人民共和国交通运输部令 2023 年第 9 号）制定本程序。

公路水运工程质量检测机构资质审批（包括延续审批）专家技术评审工作应遵循本程序。

7.1.2 相关标准

7.1.2.1 《公路水运工程试验检测等级管理要求》(JT/T 1181—2018) 简介

《公路水运工程试验检测等级管理要求》(JT/T 1181—2018) 于 2018 年 5 月 1 日实施。本标准规定了公路水运工程试验检测等级管理的要求,包括基本规定、试验检测分类及代码、公路水运工程试验检测机构等级标准和等级评定及换证复核工作程序的应用说明,以及检测机构运行通用要求。

本标准适用于公路水运工程试验检测机构建设与管理、等级评定、换证复核、检查评价等工作,其他有关检验检测工作可参考使用。

7.1.2.2 《公路水运试验检测数据报告编制导则》(JT/T 828—2019) 简介

《公路水运试验检测数据报告编制导则》(JT/T 828—2019) 于 2019 年 7 月 1 日实施。本标准规定了公路水运试验检测数据报告编制的基本规定,以及记录表、检测类报告和综合评价类报告编制的要求。本标准适用于公路水运工程试验检测机构及工地试验室的试验检测数据报告的编制。

7.2 公路水运工程质量检测资质管理

7.2.1 管理部门

公路水运工程质量检测资质管理部门为交通运输部和县级以上地方人民政府交通运输主管部门。

交通运输部负责全国公路水运工程质量检测活动的监督管理。县级以上地方人民政府交通运输主管部门按照职责负责本行政区域内的公路水运工程质量检测活动的监督管理。

7.2.2 公路水运工程质量检测机构资质类别、专业、等级设置规定

公路水运工程质量检测机构资质分为公路工程和水运工程专业。

公路工程专业设甲级、乙级、丙级资质和交通工程专项、桥梁隧道工程专项资质。

水运工程专业分为材料类和结构类。水运工程材料类设甲级、乙级、丙级资质。水运工程结构类设甲级、乙级资质。

7.2.3 检测机构资质证书

公路水运工程质量检测机构资质证书由正本和副本组成。

正本上注明机构名称,发证机关,资质专业、类别、等级,发证日期,有效期,证书编号,检测资质标识等;副本上注明注册地址、检测场所地址、机构性质、法定代表人、行政负责人、技术负责人、质量负责人、检测项目及参数、资质延续记录、变更记

录等。

检测机构资质证书分为纸质证书和电子证书。纸质证书与电子证书全国通用，具有同等效力。

检测机构资质证书有效期为5年。

7.2.3.1 证书编号

等级证书的证书编号应由发证机构简称，所属专业、检测行业缩写、等级类型简称、评定年份、本等级流水号顺序组成。其中：

1）发证机构简称编写规则为"交通"由部工程质量监督机构发证专门使用。其他发证机构则采用该发证机构所属省级行政区简称，如京、苏等。

2）所属专业为1位大写英文字母。公路工程专业等级采用"G"，水运工程专业等级采用"S"。

3）检测行业缩写由"检测"两个汉字拼音首字母组成，即"JC"。

4）等级类型简称编写规则为公路工程综合类等级分别简称"综甲""综乙""综丙"，桥梁隧道工程专项等级简称"桥隧"，交通工程专项等级简称"交工"；水运工程材料类等级分别简称"材甲""材乙""材丙"，水运工程结构类等级分别简称"结甲""结乙"。

5）评定年份采用"YYYY"形式编写。

6）本等级流水号由3位阿拉伯数字组成，每个等级从"001"开始编写。

示例1，公路工程综合甲级：交通 GJC 综甲 2018-001。

示例2，公路工程桥隧专项：交通 GJC 桥隧 2018-001。

示例3，公路工程交通工程：交通 GIC 交工 2018-001。

示例4，公路工程综合乙级：京 GJC 综乙 2018-001。

示例5，水运工程材料甲级：交通 SJC 材甲 2018-001。

示例6，水运工程结构甲级：交通 SJC 结甲 2018-001。

示例7，水运工程材料乙级：苏 SJC 材乙 2018-001。

示例8，水运工程结构乙级：苏 SJC 结乙 2018-001。

7.2.3.2 证书样式

1. 正本

单页硬质纸张，长为415mm，宽为285mm，带防伪标识。空白正本由部质量监督机构统一印制。

发证质监机构在空白正本上印制具体的检测机构名称、等级类型、证书编号、发证机构、评定日期、换证日期、发证日期及有效期8项信息，并加盖发证机构印章后生效。其中，检测机构名称和等级类型采用的字体为宋体加粗24号字，其余信息采用的字体为宋体加粗18号字，评定日期，换证日期、发证日期及有效期应按"YYYY-MM-DD"的形式填写。评定的等级证书，换证日期填写"/"。正本内容样式如图7-1所示。

示例

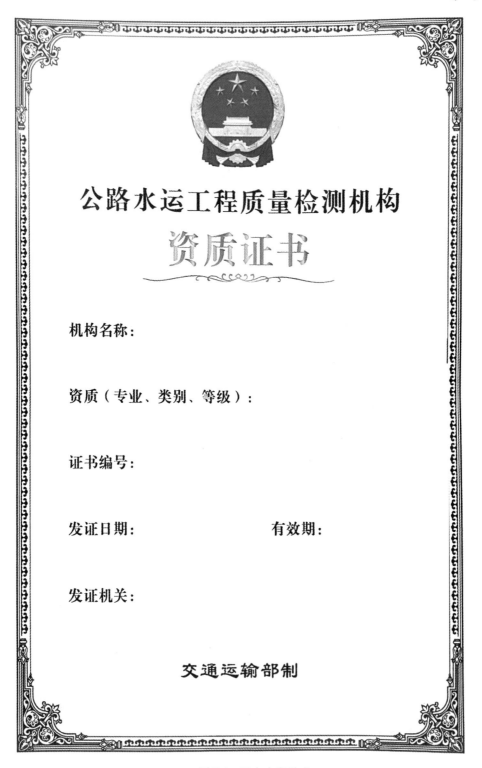

图 7-1　正本内容样式

2. 副本

多页硬质纸张组成，单页长为 238mm，宽为 163mm，除封面、封底外，内页共 6 页。封面及封底均为暗红色，内页为浅粉色并带防伪标志。内页首页为机构基本信息；第 2、3 页为试验检测项目及参数（可根据内容增页）；第 4、5 页为变更栏，第 6 页为须知。空白副本由部质量监督机构统一印制。

质监机构在空白副本上印制相关信息，试验检测项目及参数、变更栏采用宋体 11 号字，其余信息采用宋体加粗 12 号字。副本内容样式如图 7-2 所示。

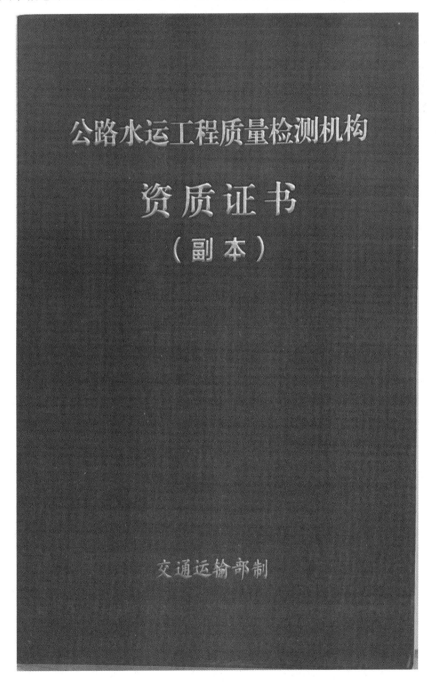

检测项目及参数	

示例

机构名称	
注册地址	
检测场所地址	
机构性质	
邮编	
机构行政、技术和质量负责人	法定代表人	联系电话	职务	职称	从业证书编号
姓名					
资质类型	
证书编号	
发证日期		有效期至	
发证机关	

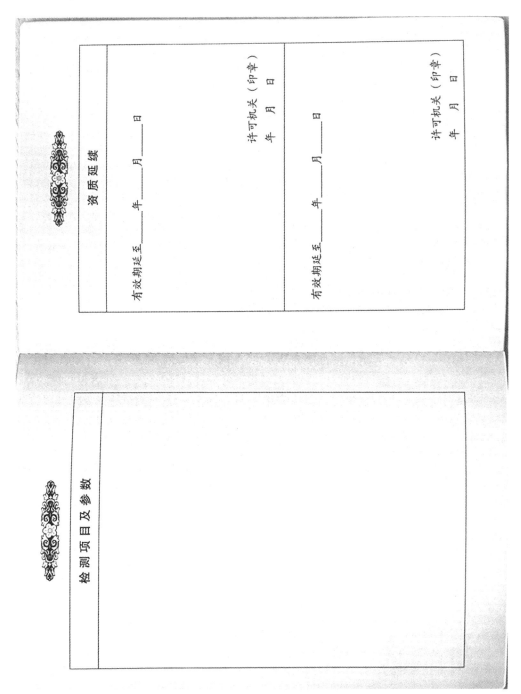

资质延续

有效期延至＿＿＿＿＿年＿＿＿＿＿月＿＿＿＿＿日

许可机关（印章）

＿＿＿＿＿年＿＿＿＿＿月＿＿＿＿＿日

有效期延至＿＿＿＿＿年＿＿＿＿＿月＿＿＿＿＿日

许可机关（印章）

＿＿＿＿＿年＿＿＿＿＿月＿＿＿＿＿日

检测项目及参数

图 7-2 副本内容样式

7.2.4 公路水运工程试验检测机构标识章

公路水运工程试验检测机构标识章为长方形，长为27mm，宽为16mm。上半部分为标识，下半部分为等级证书编号，字体为隶书，字号为小四，颜色为蝴蝶蓝。专用标识章样式如图7-3所示，其中等级证书编号为公路工程综合甲级编号示例。

交通GJC 综甲2018-001

图7-3 专用标识章样式

7.2.5 资质申请、变更、延续、撤销

7.2.5.1 资质申请

申请人可以同时申请不同专业、不同等级的检测机构资质。

7.2.5.2 变更

检测机构的名称、注册地址、检测场所地址、法定代表人、行政负责人、技术负责人和质量负责人等事项发生变更的，检测机构应当在完成变更后10个工作日内向原许可机关申请变更。

发生检测场所地址变更的，许可机关应当选派2名以上专家进行现场核查，并在15个工作日内办理完毕；其他变更事项许可机关应当在5个工作日内办理完毕。

7.2.5.3 延续

有效期满拟继续从事质量检测业务的，检测机构应当提前90个工作日向许可机关提出资质延续申请。

资质延续审批中的专家技术评审以专家组书面审查为主，但申请人存在相关规定的违法行为，以及许可机关认为需要核查的情形的，应当进行现场核查。

7.2.5.4 注销

检测机构需要终止经营的，应当在终止经营之日15日前告知许可机关，并按照规定办理有关注销手续。

7.2.5.5 检测机构合并、分立、重组、改制等情形

检测机构发生合并、分立、重组、改制等情形的，应当按照本办法的规定重新提交资质申请。

7.2.6 监督管理

7.2.6.1 县级以上人民政府交通运输主管部门应当加强对质量检测工作的监督检查，及时纠正、查处违反本办法的行为。

7.2.6.2 监督检查工作，主要包括下列内容：

1) 检测机构资质证书使用的规范性，有无转包、违规分包、超许可范围承揽业务、涂改和租借资质证书等行为；

2) 检测机构能力的符合性，工地实验室设立和施工现场检测情况；

3) 原始记录、质量检测报告的真实性、规范性和完整性；

4）采用的技术标准、规范和规程是否合法有效，样品的管理是否符合要求；

5）仪器设备的运行、检定和校准情况；

6）质量保证体系运行的有效性；

7）检测机构和检测人员质量检测活动的规范性、合法性和真实性；

8）依据职责应当监督检查的其他内容。

交通运输主管部门实施监督检查时，有权采取以下措施：

1）要求被检查的检测机构或者有关单位提供相关文件和资料；

2）查阅、记录、录音、录像、照相和复制与检查相关的事项和资料；

3）进入检测机构的检测工作场地进行抽查；

4）发现有不符合有关标准、规范、规程和本办法的质量检测行为，责令立即改正或者限期整改。

检测机构应当予以配合，如实说明情况和提供相关资料。

7.2.6.3 交通运输部、省级人民政府交通运输主管部门应当组织比对试验，验证检测机构的能力，比对试验情况录入公路水运工程质量检测管理信息系统。

检测机构应当按照前款规定参加比对试验并按照要求提供相关资料。

7.2.6.4 检测机构取得资质后，不再符合相应资质条件的，许可机关应当责令其限期整改并向社会公开。检测机构完成整改后，应当向许可机关提出资质重新核定申请。

7.2.7 法律责任

1）检测机构违反规定，有下列行为之一的，其检测报告无效，由交通运输主管部门处 1 万元以上 3 万元以下罚款；造成危害后果的，处 3 万元以上 10 万元以下罚款；构成犯罪的，依法追究刑事责任：

（1）未取得相应资质从事质量检测活动的；

（2）资质证书已过有效期从事质量检测活动的；

（3）超出资质许可范围从事质量检测活动的。

2）检测机构隐瞒有关情况或者提供虚假材料申请资质的，许可机关不予受理或者不予行政许可，并给予警告；检测机构 1 年内不得再次申请该资质。

3）检测机构以欺骗、贿赂等不正当手段取得资质证书的，由许可机关予以撤销；检测机构 3 年内不得再次申请该资质；构成犯罪的，依法追究刑事责任。

4）检测机构未按照规定申请变更的，由交通运输主管部门责令限期办理；逾期未办理的，给予警告或者通报批评。

5）检测机构违反本办法规定，有下列行为之一的，由交通运输主管部门责令改正，处 1 万元以上 3 万元以下罚款；造成危害后果的，处 3 万元以上 10 万元以下罚款；构成犯罪的，依法追究刑事责任：

（1）出具虚假检测报告，篡改、伪造检测报告的；

（2）将检测业务转包、违规分包的。

6）检测机构违反本办法规定，有下列行为之一的，由交通运输主管部门责令改正，处 5000 元以上 1 万元以下罚款：

（1）质量保证体系未有效运行的，或者未按照有关规定对仪器设备进行正常维护的；

（2）未按规定进行档案管理，造成检测数据无法追溯的；

（3）在同一工程项目标段中同时接受建设、监理、施工等多方的质量检测委托的；

（4）未按规定报告在检测过程中发现检测项目不合格且涉及工程主体结构安全的；

（5）接受监督检查时不如实提供有关资料，或者拒绝、阻碍监督检查的。

7）检测机构或者检测人员有下列行为之一的，由交通运输主管部门责令改正，给予警告或者通报批评：

（1）未按规定进行样品管理的；

（2）同时在两家或者两家以上检测机构从事检测活动的；

（3）借工作之便推销建设材料、构配件和设备的；

（4）不按照要求参加比对试验的。

8）检测机构违反本办法规定，转让、出租检测机构资质证书的，由交通运输主管部门责令停止违法行为，收缴有关证件，处 5000 元以下罚款。

7.3 公路水运工程质量检测机构资质等级条件

《公路水运工程质量检测机构资质等级条件》明确了公路水运工程质量检测机构申请相应资质时应具备的条件，即分别对相应资质等级规定了检测机构应具备的人员、设备、环境及检测参数等。

7.3.1 公路工程质量检测机构资质等级标准中对人员配备、质量检测环境的要求

7.3.1.1 公路工程质量检测机构资质人员配备要求（表 7-1）。

表 7-1 公路工程质量检测机构资质人员配备要求

项目	甲级	乙级	丙级	交通工程专项	桥梁隧道工程专项
持试验检测人员证书总人数	≥50	≥23	≥9	≥28	≥30
持试验检测师证书人数	≥20	≥8	≥4	≥13	≥15
持试验检测师证书专业配置	道路工程≥10人 桥梁隧道工程≥7人 交通工程≥3人	道路工程≥6人 桥梁隧道工程≥2人	道路工程≥3人 桥梁隧道工程≥1人	交通工程≥13人	道路工程≥3人 桥梁隧道工程≥12人
相关专业高级职称（持试验检测师证书）人数及专业配置	≥12 道路工程≥6人 桥梁隧道工程≥5人 交通工程≥1人	≥3 道路工程≥2人 桥梁隧道工程≥1人	—	≥8 交通工程≥8人	≥8 道路工程≥1人 桥梁隧道工程≥7人

项目	甲级	乙级	丙级	交通工程专项	桥梁隧道工程专项
技术负责人	1. 相关专业高级职称； 2. 持试验检测师证书； 3.8 年以上试验检测工作经历	1. 相关专业高级职称； 2. 持试验检测师证书； 3.5 年以上试验检测工作经历	1. 相关专业中级职称； 2. 持试验检测师证书； 3.5 年以上试验检测工作经历	1. 相关专业高级职称； 2. 持交通工程试验检测师证书； 3.8 年以上试验检测工作经历	1. 相关专业高级职称； 2. 持桥梁隧道工程试验检测师证书； 3.8 年以上试验检测工作经历
质量负责人	1. 相关专业高级职称； 2. 持试验检测师证书； 3.8 年以上试验检测工作经历	1. 相关专业高级职称； 2. 持试验检测师证书； 3.5 年以上试验检测工作经历	1. 相关专业中级职称； 2. 持试验检测师证书； 3.5 年以上试验检测工作经历	1. 相关专业高级职称； 2. 持试验检测师证书； 3.8 年以上试验检测工作经历	1. 相关专业高级职称； 2. 持试验检测师证书； 3.8 年以上试验检测工作经历

注：1. 表中黑体字为强制性要求，一项不满足视为不通过。非黑体字为非强制性要求，不满足按扣分处理。
2. 试验检测人员证书名称及专业遵循国家设立的公路水运工程试验检测专业技术人员职业资格制度相关规定。

7.3.1.2 质量检测环境要求（表7-2）。

表 7-2 质量检测环境要求

项目	甲级	乙级	丙级	交通工程专项	桥梁隧道工程专项
试验检测用房使用面积（不含办公面积）(m²)	≥1300	≥700	≥400	≥900	≥900
	试验检测环境应满足所开展检测参数要求，布局合理、干净整洁				

注：此表内容为强制性要求。

7.3.2 水运工程质量检测机构资质等级标准对人员配备、质量检测环境的规定

7.3.2.1 人员配备要求（表7-3）。

表 7-3 人员配备要求

项目	材料甲级	材料乙级	材料丙级	结构（地基）甲级	结构（地基）乙级
持试验检测人员证书总人数	≥26 人	≥11 人	≥7 人	≥22 人	≥9 人
持试验检测师证书人数	≥10 人	≥4 人	≥2 人	≥8 人	≥3 人
持试验检测师证书专业配置	水运材料≥10 人	水运材料≥4 人	水运材料≥2 人	水运结构与地基≥8 人	水运结构与地基≥3 人

项目	材料甲级	材料乙级	材料丙级	结构（地基）甲级	结构（地基）乙级
相关专业高级职称（持试验检测师证书）人数及专业配置	**≥5人** 水运材料≥5人	**≥2人** 水运材料≥2人	—	**≥4人** 水运结构与地基≥4人	**≥1人** 水运结构与地基≥1人
技术负责人	1. 相关专业高级职称； 2. 持水运材料试验检测师证书； 3.8年以上试验检测工作经历	1. 相关专业高级职称； 2. 持水运材料试验检测师证书； 3.5年以上试验检测工作经历	1. 相关专业中级职称； 2. 持水运材料试验检测师证书； 3.5年以上试验检测工作经历	1. 相关专业高级职称； 2. 持水运结构与地基试验检测师证书； 3.8年以上试验检测工作经历	1. 相关专业高级职称； 2. 持水运结构与地基试验检测师证书； 3.5年以上试验检测工作经历
质量负责人	1. 相关专业高级职称； 2. 持试验检测师证书； 3.8年以上试验检测工作经历	1. 相关专业高级职称； 2. 持试验检测师证书； 3.5年以上试验检测工作经历	1. 相关专业中级职称； 2. 持试验检测师证书； 3.5年以上试验检测工作经历	1. 相关专业高级职称； 2. 持试验检测师证书； 3.8年以上试验检测工作经历	1. 相关专业高级职称； 2. 持试验检测师证书； 3.5年以上试验检测工作经历

注：1. 表中黑体字为强制性要求，一项不满足视为不通过。非黑体字为非强制性要求，不满足按扣分处理。

2. 试验检测人员证书名称及专业遵循国家设立的公路水运工程试验检测专业技术人员职业资格制度相关规定。

7.3.2.2 质量环境检测要求（表7-4）。

表7-4 质量检测环境要求

项目	材料甲级	材料乙级	材料丙级	结构（地基）甲级	结构（地基）乙级
试验检测用房使用面积（不含办公面积）（m²）	≥900	≥600	≥200	≥500	≥200
	试验检测环境应满足所开展检测参数要求，布局合理、干净整洁				

7.3.3 试验检测能力基本要求及主要仪器设备

《公路水运工程质量检测机构资质等级条件》在进行能力等级划分时，将参数分为必选参数和可选参数，对应设备分为必需设备和可选设备。必选参数和必选设备属于必须满足的条件，而对于可选参数和可选设备可结合实际需要选择性配置。但可选参数数量应不低于本等级可选参数总数量的60%。可选参数申请介于总量的60%~80%时，技术评审时采取扣分制。

公路工程质量检测机构甲级资质检测能力基本要求及主要仪器设备（示例）表7-5。

表 7-5 公路工程质量检测机构甲级资质检测能力基本要求及主要仪器设备（示例）

序号	试验检测项目	主要质量检测参数	主要仪器设备
1	土	含水率，密度，比重，颗粒组成，界限含水率，天然稠度击实试验（**最大干密度、最佳含水率**），承载比（**CBR**）粗粒土和巨粒土最大干密度，回弹模量，固结试验（压缩系数、压缩模量、压缩指数、固结系数），内摩擦角、凝聚力，自由膨胀率，烧失量，有机质含量，酸碱度，易溶盐总量，砂的相对密度	烘箱，天平，电子秤，环刀，储水筒，灌砂仪，比重瓶，恒温水槽，砂浴，标准筛，摇筛机，密度计，量筒，液塑限联合测定仪，收缩皿，**标准击实仪，CBR试验装置**（路面材料强度仪或其他荷载装置），表面振动压实仪（或振动台），脱模器，杠杆压力仪，千分表，承载板，固结仪，变形量测设备，应变控制式直剪仪（或三轴仪），百分表（或位移传感器），自由膨胀率测定仪，高温炉，油浴锅，酸度计，电动振荡器，水浴锅，瓷蒸发皿，相对密度仪
...	...	...	...

表 7-5 是公路工程质量检测机构甲级资质检测能力基本要求及主要仪器设备，包括土、集料、岩石、水泥，水泥混凝土、砂浆，水，外加剂，掺和料，无机结合料稳定材料，沥青，沥青混合料，土工合成材料，压浆材料，防水材料，钢筋与连接接头，预应力用钢材及锚具、夹具、连接器，桥梁支座，桥梁伸缩装置，预应力波纹管，路基路面，混凝土结构，基坑、地基与基桩，桥梁结构，隧道和交通安全设施共 25 个质量检测项目。

表 7-5 中所列的仪器设备功能、量程、准确性，以及配套设备设施均应符合所测参数现行依据标准的要求。表 7-5 中黑体字标注的质量检测参数和仪器设备为必须满足的要求，任意一项不满足视为不通过。可选参数（非黑体）的申请数量应不低于本等级可选参数总量的 60%。

7.4 公路水运工程试验检测人员职业资格

"公路水运工程试验检测专业技术人员职业资格"为水平评价类职业资格，实施部门为交通运输部和人力资源社会保障部，职业资格依据为《建设工程质量管理条例》《公路水运工程试验检测专业技术人员职业资格制度规定》（人社部发〔2015〕59 号）。

国家职业资格为水平评价类职业资格，实行考试的评价方式，考生按自愿原则参加考试，通过考试并取得相应级别职业资格证书的人员，表明其已具备从事公路水运工程试验检测专业相应级别专业技术岗位工作的能力。水平评价类职业资格不实行准入控制和注册管理，但应按国家关于专业技术人员继续教育的有关规定参加继续教育，更新专业知识，不断提高职业素质和试验检测专业工作能力。

7.4.1 公路水运工程试验检测人员职业资格考试制度

2015 年 6 月 23 日，根据《国务院机构改革和职能转变方案》和《国务院关于取消和调整一批行政审批项目等事项的决定》（国发〔2014〕50 号）有关取消"公路水运试验检测人员资格许可和认定"的要求，人力资源社会保障部、交通运输部以人社部发〔2015〕59 号文印发《公路水运工程试验检测专业技术人员职业资格制度规定》和《公路水运工程试验检测专业技术人员职业资格考试实施办法》。这标志着公路水运工程试验检测专业人员水平评价类国家职业资格制度正式设立。

2024年3月，交通运输部职业资格中心修订印发《公路水运工程试验检测专业技术人员职业资格考试考务工作规程》（简称"新《规程》"），新《规程》贯彻落实了国家对考试工作的新要求，更加符合考务工作实际，新《规程》的印发将对持续提升考务管理能力与服务水平发挥积极作用。

7.4.2　公路水运工程试验检测专业技术人员职业资格考试管理

7.4.2.1　考试专业设置

公路水运工程试验检测专业技术人员职业资格包括道路工程、桥梁隧道工程、交通工程、水运结构与地基、水运材料5个专业。

分为助理试验检测师和试验检测师2个级别。

助理试验检测师和试验检测师职业资格实行考试的评价方式。

7.4.2.2　考试周期管理

公路水运工程助理试验检测师和试验检测师职业资格考试，统一大纲、统一命题、统一组织。原则上每年举行一次考试。

7.4.2.3　报考条件

遵守国家法律、法规，恪守职业道德，并符合公路水运工程助理试验检测师和试验检测师职业资格考试报名条件的人员，均可申请参加相应级别职业资格考试。

1. 助理试验检测师报考条件

符合下列条件之一者，可报考公路水运工程助理试验检测师职业资格考试：

1）取得中专或高中学历，累计从事公路水运工程试验检测专业工作满4年；

2）取得工学、理学、管理学学科门类专业大学专科学历，累计从事公路水运工程试验检测专业工作满2年；或者取得其他学科门类专业大学专科学历，累计从事公路水运工程试验检测专业工作满3年；

3）取得工学、理学、管理学学科门类专业大学本科及以上学历或学位；或者取得其他学科门类专业大学本科学历，从事公路水运工程试验检测专业工作满1年。

2. 试验检测师报考条件

符合下列条件之一者，可报考公路水运工程试验检测师职业资格考试：

1）取得中专或高中学历，并取得公路水运工程助理试验检测师证书后，从事公路水运工程试验检测专业工作满6年；

2）取得工学、理学、管理学学科门类专业大学专科学历，累计从事公路水运工程试验检测专业工作满6年；

3）取得工学、理学、管理学学科门类专业大学本科学历或学士学位，累计从事公路水运工程试验检测专业工作满4年；

4）取得含工学、理学、管理学学科门类专业在内的双学士学位或工学、理学、管理学学科门类专业研究生班毕业，累计从事公路水运工程试验检测专业工作满2年；

5）取得工学、理学、管理学学科门类专业硕士学位，累计从事公路水运工程试验检测专业工作满 1 年；

    6）取得工学、理学、管理学学科门类专业博士学位；

    7）取得其他学科门类专业的上述学历或学位人员，累计从事公路水运工程试验检测专业工作年限相应增加 1 年。

7.4.2.4　考试相关规定

1．考试科目及考试时间

公路水运工程助理试验检测师、试验检测师均设公共基础科目和专业科目，专业科目为"道路工程""桥梁隧道工程""交通工程""水运结构与地基"和"水运材料"。

公共基础科目考试时间为 120 分钟，专业科目考试时间为 150 分钟。

2．考试分数线

合格标准为试卷满分的 60%。

3．滚动周期

公路水运工程助理试验检测师、试验检测师考试成绩均实行 2 年为一个周期的滚动管理。在连续 2 个考试年度内，参加公共基础科目和任一专业科目的考试并合格，可取得相应专业和级别的公路水运工程试验检测专业技术人员职业资格证书。

7.4.3　公路水运工程试验检测专业技术人员职业资格证书

公路水运工程试验检测职业资格考试合格，由交通运输部职业资格中心颁发人力资源社会保障部、交通运输部监制，交通运输部职业资格中心用印的相应级别《中华人民共和国公路水运工程试验检测专业技术人员职业资格证书》。该证书在全国范围有效。

7.4.4　公路水运工程试验检测职业资格证书登记

公路水运工程试验检测职业资格证书实行登记制度。登记具体工作由交通运输部职业资格中心负责。登记情况应向社会公布。

登记机构应建立持证人员的从业信息和诚信档案，并为用人单位提供查询服务。

取得公路水运工程试验检测职业资格证书的人员，在工作中违反相关法律、法规、规章或者职业道德，造成不良影响的，取消登记并由交通运输部职业资格中心收回其职业资格证书。

7.4.5　公路水运工程试验检测人员继续教育

2011 年 10 月，交通运输部制定发布《公路水运工程试验检测人员继续教育办法（试行）》。通过继续教育，实现公路水运工程试验检测人员知识和技能的不断更新、补充、拓展和提高，完善知识结构，提高基本素质、创新能力和职业水平。

7.4.5.1　适用范围

取得公路水运工程试验检测工程师和试验检测员证书的从业人员。

7.4.5.2　继续教育周期及学时要求

公路水运工程试验检测继续教育周期为 2 年（从取得证书的次年起计算）。试验检测人员在每个周期内接受继续教育的时间累计不应少于 24 学时。

试验检测人员的以下专业活动可以折算为继续教育学时。每个继续教育周期内，不同形式的专业活动折算的学时可叠加。

1）参加试验检测考试大纲及教材编写工作的，折算 12 学时。

2）参加试验检测考试命题工作的，折算 24 学时。

3）参加试验检测工程师考试阅卷工作的，折算 12 学时。参加试验检测员考试阅卷工作的，折算 8 学时。

4）担任继续教育师资的，折算 24 学时。

5）参加部组织的机构评定、试验检测专项检查等专业活动的，折算 12 学时。

6）参加省组织的机构评定、试验检测专项检查等专业活动的，折算 8 学时。

7.4.5.3 继续教育的监督检查

试验检测人员在继续教育过程中有弄虚作假、冒名顶替等行为的，取消其本周期内已取得的继续教育记录，并纳入诚信记录。

7.5 公路水运工程检测机构资质审批流程

7.5.1 申请

申请公路工程甲级、交通工程专项，水运工程材料类甲级、结构类甲级检测机构资质的，向交通运输部提交申请。

申请公路工程乙级和丙级、桥梁隧道工程专项，水运工程材料类乙级和丙级、结构类乙级检测机构资质的，向注册地的省级人民政府交通运输主管部门提交申请。

7.5.1.1 具备条件

申请检测机构资质的检测机构应当具备以下条件：

1）依法成立的法人；

2）具有一定数量的具备公路水运工程试验检测专业技术能力的人员；

3）拥有与申请资质相适应的质量检测仪器设备和设施；

4）具备固定的质量检测场所，且环境条件满足质量检测要求；

5）具有有效运行的质量保证体系。

申请人可以同时申请不同专业、不同等级的检测机构资质。

7.5.1.2 申请材料

申请检测机构资质的检测机构向许可机关提交以下申请材料：

1）检测机构资质申请书（附录 D）；

2）检测人员、仪器设备和设施、质量检测场所证明材料；

3）质量保证体系文件。

7.5.1.3 公路水运工程质量检测管理信息系统

申请检测机构资质的检测机构应当通过公路水运工程质量检测管理信息系统提交申请材料，并对其申请材料实质内容的真实性负责。许可机关不得要求检测机构提交与其申请资质无关的技术资料和其他材料。

7.5.2 受理

许可机关自收到申请人通过公路水运工程质量检测管理信息系统提交的技术评审证明材料后，5个工作日内向申请人发出技术评审通知，明确技术评审的工作安排。

7.5.3 专家技术评审

专家技术评审由技术评审专家组（简称"专家组"）承担，实行专家组组长负责制。参与评审的专家应当由许可机关从其建立的质量检测专家库中随机抽取，并符合回避要求。专家应当客观、独立、公正开展评审，保守申请人商业秘密。

专家技术评审包括书面审查和现场核查两个阶段，所用时间不计算在行政许可期限内，但许可机关应当将专家技术评审时间安排书面告知申请人。专家技术评审的时间最长不得超过60个工作日。

专家技术评审应当对申请人提交的全部材料进行书面审查，并对实际状况与申请材料的符合性、申请人完成质量检测项目的实际能力、质量保证体系运行等情况进行现场核查。

专家组应当在专家技术评审时限内向许可机关报送专家技术评审报告。

专家技术评审报告应当包括对申请人资质条件等事项的核查抽查情况和存在问题，是否存在实际状况与申请材料严重不符、伪造质量检测报告、出具虚假数据等严重违法违规问题，以及评审总体意见等。

许可机关可以将专家技术评审情况向社会公示。

7.5.3.1 书面审查

专家组对申请人通过公路水运工程质量检测管理信息系统提交的全部材料进行书面审查，并按有关规定开展现场核查，现场核查时间一般为2天。

书面审查具体内容如下：

1）质量检测场所的平面布置图、各功能检测室的平面布置图及环境条件描述，申请人提供的音像资料。

2）证明质量检测水平的典型报告（典型报告应覆盖所有的质量检测项目且不少于质量检测项目必选参数的10%，其中桥梁、隧道和基坑及基桩等涉及结构安全的检测项目及水泥混凝土、沥青混合料等检测项目不少于必选参数的15%，新增参数典型报告不低于30%。典型报告应包括委托单、报告及相关记录等）。

3）受控质量检测标准、规范和规程文件清单。

4）仪器设备的所有权证明、检定/校准证书（主要仪器设备应不低于所申请资质等级必选仪器设备总量的40%）。

5）质量检测业绩证明文件，包括合同文件、委托方出具的证明文件等。

6）同时申请多个资质时，共用检测用房和技术负责人配置说明。

7）人员劳动聘用合同。

7.5.3.2 现场核查

现场核查内容包括申请人完成质量检测项目的实际能力、实际状况与申请材料的符合性、质量保证体系运行等情况，分为工作预备、工作布置、总体核查、现场考核、情况反馈等阶段。

1）专家组应核查检测场地面积及布局、环境条件、样品管理、各检测区设备布置、操作规程和管理制度、安全防护及环境保护等情况，评价各检测功能区域划分是否清晰、合理，仪器设备布局是否科学规范，环境条件是否满足相关技术标准，规程制度是否齐全并及时更新等。

2）专家组应核查申请人的人员、检测场地、设备设施、检测工作覆盖参数情况等是否与申请材料一致，主要核查以下内容：

（1）配置的仪器设备是否齐全、是否符合相应技术标准。申请人对仪器设备是否具有所有权。主要仪器设备的管理档案、标识、使用记录、维护维修记录、检定/校准证书及计量确认记录是否完整、规范。

（2）申请人登记的持证检测人员是否在岗，劳动（聘用）合同签订是否规范、有效。

（3）所申请资质参数的原始记录和质量检测报告（含模拟报告）是否齐全。

（4）申请人用房产权证明或租赁期限证明材料是否有效（租赁期限应大于等于5年）。

（5）延续审批还应核查申请人取得资质证书后，持试验检测证书人员调离该机构的人数占原总持证人数的比例、信息变更是否在规定期限内办理手续、设立工地实验室和现场检测项目开展情况等。

3）专家组核查中对于申请人同时申请多个资质的，行政、技术、质量负责人所持检测人员证书可在多个资质中使用；技术负责人不单独配置时，应同时持有满足不同资质要求的检测人员证书；不同资质可共用检测用房、仪器设备，但检测用房须满足不同资质要求。

4）专家组应对申请人的质量保证体系运行情况、人员培训、比对试验、机构受处罚情况进行检查评价，主要内容如下：

（1）质量保证体系文件是否齐全，有关规定是否合理适用，受控、宣贯及运行是否有效；

（2）人员培训是否按计划进行，培训内容是否满足知识更新要求；

（3）比对试验是否按规定参加以及结果情况；

（4）申请人收到的处罚等情况。

5）专家组应对申请人的原始记录、报告进行检查评价，主要内容如下：

（1）业务委托、合同签订、任务分派、样品管理、报告审批等检测业务流程是否规范；

（2）在覆盖所有质量检测项目的基础上，抽查不少于15％的必选参数和5％的可选参数的质量检测记录和报告。重点检查依据标准是否适宜、是否执行技术标准、信息是否完整准确、结论是否正确，以及签字、用章的规范性等。

6）专家组对现场试验操作进行考核，评价申请人的质量检测技术能力。

现场试验操作考核参数一般应采取随机抽取的方式确定，且应覆盖所申请资质等级能力范围的所有检测项目，并不低于必选参数总量的15％，同时抽取相应的检测人员。

对于有模拟报告而无业绩且未能提交比对试验报告的参数，也应列为现场试验操作随机抽取考核范围。主要考核内容如下：

（1）检测人员的授权情况，确认是否为所申报的人员；

（2）检测人员的实际操作过程是否完整、规范、熟练；

（3）随机抽查试验检测人员相关质量检测知识；

（4）提交的现场操作检测报告的规范性、完整性；

（5）对从事涉及结构安全的基桩、钢结构、混凝土结构、桥梁隧道工程等检测项目的主要操作人员进行现场考核；

（6）根据技术能力考核情况，确认申请人的质量检测能力范围，有必要对参数的检测方法、测量范围、测量精度等作出限制时，专家组应予以注明。

延续审批需现场核查时，应将难度较大、资质证书有效期内未开展或开展频率低、标准规范发生变更、比对试验结果存在问题的检测参数等纳入随机抽取考核范围。

7）考查申请人行政、技术、质量负责人等关键岗位人员，在严防检测报告数据作假方面是否履职尽责。应重点考查资历条件是否满足资质条件及有关要求，是否理解和熟悉岗位职责等内容。考查可采取口头问答或书面考试等方式进行。

8）专家组长组织专家组内部评议，专家组成员参加。主要内容是对评审情况进行汇总，确定总体评价，提出存在的问题和整改建议意见，整理完善评审工作表。

在评议的基础上，专家独立填写打分表并签字密封。

9）专家组长主持召开评审情况反馈会议，参加人员一般与评审工作布置会议相同。主要内容是通报发现的问题，提出整改工作指导意见。专家组在技术评审中发现申请人存在可以在短期内完成整改的瑕疵性事项的，应当通知申请人。

专家组应当在技术评审完成后，由专家组长负责将"公路水运工程质量检测机构资质审批技术评审报告"（附录3）和专家独立打分表提交给许可机关。

7.5.4 终止技术评审

申请人发生下列情况之一，专家组经报告许可机关同意后可终止技术评审工作，完成"终止技术评审报告"。

1）实际状况与申请材料严重不符，包括人员、场地、仪器设备等强制性指标要求的实际情况低于资质等级条件要求；

2）检测实际能力不能满足基本要求；

3）质量保证体系失控，相关记录缺失或失实；

4）有意干扰技术评审工作，技术评审工作不能正常进行；

5）存在伪造质量检测报告、出具虚假数据等弄虚作假行为；

6）存在被考核人员冒名顶替、借（租）用质量检测仪器设备等情况；

7）存在其他严重的违法违规问题。

7.5.5 行政许可

许可机关应当自受理申请之日起20个工作日内作出是否准予行政许可的决定。

许可机关准予行政许可的，应当向申请人颁发检测机构资质证书；不予行政许可的，应当作出书面决定并说明理由。

7.6 公路水运工程检测机构和人员信用评价

7.6.1 评价范围及评价对象

信用评价是指交通运输主管部门对持有公路水运工程试验检测师或助理试验检测师资格证书的试验检测从业人员和取得公路水运工程试验检测等级证书并承担公路水运工程试验、检测及监测业务的试验检测机构的从业承诺履行状况等诚信行为的综合评价。

7.6.2 信用评价主管部门

交通运输部负责公路水运工程试验检测机构和人员信用评价工作的统一管理。负责持有试验检测师（试验检测工程师）资格证书的检测人员和取得公路水运甲级（专项）等级证书并承担高速公路、独立特大桥、长大隧道及大中型水运工程试验，检测及监测业务试验检测机构的信用评价和信用评价结果的发布。

交通运输部工程质量监督机构负责信用评价的具体组织实施工作。

7.6.3 评价方法

7.6.3.1 检测机构的评价方法

试验检测机构的信用评价实行综合评分制。试验检测机构设立的公路水运工程工地试验室（简称"工地试验室"）及单独签订合同承担的工程试验、检测及监测等现场试验检测项目（简称"现场检测项目"）的信用评价，是信用评价的组成部分。

7.6.3.2 人员的信用评价方法

试验检测人员信用评价实行累计扣分制，评价标准见《公路水运工程试验检测人员信用评价标准》。

评价周期内累计扣分分值大于等于 20 分，小于 40 分的试验检测人员信用等级为信用较差；扣分分值大于等于 40 分的试验检测人员信用等级为信用差。

连续 2 年信用等级被评为信用较差的试验检测人员，其当年信用等级为信用差。

被确定为信用差的试验检测人员列入黑名单。在评价周期内，试验检测人员在不同项目和不同工作阶段发生的违规行为累计扣分。一个具体行为涉及两项以上违规行为的，以扣分标准高者为准。

7.6.4 试验检测机构信用等级的划分

试验检测机构信用评价分为 AA、A、B、C、D 5 个等级，评分对应的信用等级如下：

AA 级：信用评分≥95 分，信用好。

A 级：85 分≤信用评分＜95 分，信用较好。

B 级：70 分≤信用评分＜85 分，信用一般。

C 级：60 分≤信用评分＜70 分，信用较差。

D 级：信用评分＜60 分或直接确定为 D 级，信用差。

被评为 D 级的试验检测机构直接列入黑名单，并按《公路水运工程试验检测管理办法》等相关规定予以处理。

对被直接确定为 D 级的试验检测机构应当及时公布。

7.6.5 试验检测机构及人员信用评价程序

1）试验检测机构应于次年 1 月中旬完成信用评价自评，并将自评表报其注册地的省级交通质监机构。

2）工地试验室及现场检测项目，未完工的应于当年 12 月底前、已完工的应于项目完工时完成信用评价自评，并将自评表报项目业主；项目业主根据项目管理过程中所掌握的情况提出评价意见，于次年 1 月中旬将工地实验室、现场检测项目的评价意见和扣分依据材料及发现的母体试验检测机构的失信行为以文件形式报负责该项目监督的质监机构，项目业主应对评价意见的客观性负责；负责项目监督的质监机构根据业主评价意见结合日常监督情况进行评价，评价结果于 1 月底前报省级交通质监机构。

3）省级交通质监机构对工地实验室和现场检测项目信用评价结果进行复核评价。工地实验室和现场检测项目的授权机构或母体试验检测机构为外省区注册的，信用评价结果于 2 月上前转送其注册地省级交通质监机构。

省级交通质监机构对在本省注册的试验检测机构信用进行综合评分。属交通运输部发布范围的试验检测机构信用评价结果及相关资料，经省级交通运输主管部门审核后于 3 月中旬前报送部质监机构。属本省发布范围的试验检测机构的信用评价结果由省级交通运输主管部门审定后于 4 月底前完成公示、公布。

4）属交通运输部发布范围的试验检测机构信用评价结果由部质监机构在汇总各省信用评价结果的基础上，结合掌握的相关信用信息进行复核评价，于 4 月底前在"信用交通"网站等交通运输主管部门指定的渠道向社会统一公示、公布。

7.6.6 信用评价周期

信用评价周期为 1 年，评价的时间段从 1 月 1 日至 12 月 31 日。

8 人防工程防护设备检测机构资质认定管理概述

8.1 人防工程防护设备检测简述

人防工程是人民防空工程的简称，是指为保障战时人员与物资掩蔽、人民防空指挥、医疗救护而单独修建的地下防护建筑，以及结合地面建筑修建的战时可用于防空的地下室。

我国量大面广的地下人防工程，主要是二等人员掩蔽所和物资库工程，一般结合住宅、酒店、商场、学校、办公等民用建筑修建，简称"结建人防工程"。

人防工程检测根据《人防工程防护设备检测项目目录》明确规定了相关参数及人员要求，根据国家人民防空办公室及国家认证认可监督管理委员会联合发布的文件《关于规范人防工程防护设备检测机构资质认定工作的通知》（国人防〔2017〕271号），检测机构应取得检验检测机构CMA资质认定。

经国家认证认可国家监督管理委员会资质认定的第三方检验检测机构，可开展以上检测业务，并可根据国家人防办委托，承担防护设备检测技术纠纷仲裁、防护设备质量抽检等任务。经省级质量技术监督部门资质认定的检验检测机构，可在本省区域内开展以上检测业务。通过CMA资质认定的检测单位在开展人防检测工作前应当向其所在地省级人防部门进行备案，一般会网上进行公示，同时应接受各地人防办的监督检查等。

文件《人防工程防护设备检测机构专项要求》，还在检测范围、保密和公正性要求、检测机构能力要求和从业人员能力要求上作出详细规定。

8.2 人防工程防护设备检测相关规章及政策文件

8.2.1 《中华人民共和国人民防空法》

《中华人民共和国人民防空法》于1996年10月29日第八届全国人民代表大会常务委员会第二十二次会议通过，1996年10月29日中华人民共和国主席令第78号公布，自1997年1月1日起施行。根据2009年8月27日第十一届全国人民代表大会常务委员会第十次会议《全国人民代表大会常务委员会关于修改部分法律的决定》修正。

《中华人民共和国人民防空法》是为了有效地组织人民防空，保护人民的生命和财产安全，保障社会主义现代化建设的顺利进行而制定的法律，也是我国第一部全面规范人民防空工作的重要法律。《中华人民共和国人民防空法》的颁布施行，对于巩固国防，加强人民防空建设，防范和减轻战争空袭危害等具有十分重要的意义和作用。

《中华人民共和国人民防空法》第22条规定：城市新建民用建筑，按照国家有关规定修建战时可用于防空的地下室。

8.2.2 文件《关于规范人防工程防护设备检测机构资质认定工作的通知》(国人防〔2017〕271号)

2017年12月11日，国家认证认可监督管理委员会、国家人民防空办公室联合发布文件《关于规范人防工程防护设备检测机构资质认定工作的通知》（国人防〔2017〕271号）。国家认证认可监督管理委员会和国家人民防空办公室共同开展人防工程防护设备检测机构资质认定工作。

8.3 管理要求

8.3.1 人防工程防护设备检测联合管理及分工

国家人民防空办公室、国家认证认可监督管理委员会依据各自职能和分工开展对人防工程防护设备检测机构的管理。国家人民防空办公室、国家认证认可监督管理委员会共同制定《人防工程防护设备检测机构专项要求》。国家认证认可监督管理委员会和各省级质量技术监督部门依照《检验检测机构资质认定管理办法》（国家质量监督检验检疫总局令第163号）的规定开展人防工程防护设备检测机构资质认定工作，人防部门实施备案工作。

8.3.2 保密和公正性要求

检测机构与人防工程防护设备生产企业不相关联，并符合国家有关保密要求。

8.3.3 资质要求及业务范围

开展各类人防工程和兼顾人防要求工程的防护设备检测业务的检测机构，应当取得检验检测机构资质认定。

经国家认证认可监督管理委员会资质认定的检验检测机构，可开展各类人防工程和兼顾人防要求工程的防护设备检测业务，并可根据国家人民防空办公室委托，承担防护设备检测技术纠纷仲裁、防护设备质量抽检等任务。

经省级质量技术监督部门资质认定的检验检测机构，可在本行政区域内开展各类人防工程和兼顾人防要求工程的防护设备检测业务。

防护设备检测工作不得分包，检测工作涉及国家秘密的，检测机构应当具有保密资质。

8.3.4 检测机构能力要求

应当具备与所开展的检测活动相适应的能力。

1) 管理体系连续运行5年以上，并能够证实运行持续有效。组织体系设置合理，规章制度健全，具有与开展相应业务相适应的人员、场所及仪器设备。

2) 具备人防工程防护设备产品检测全项能力和关键原材料、防护设备功能检测相关能力。

3）具有切实可行的管理制度及质量控制措施，有健全的技术规程和档案管理制度，严格有效地执行建设方委托制度，检测工作管理实现信息化。

4）符合相关法律法规和资质认定条件的要求，保证检测工作的科学、独立、诚信和公正。

8.3.5 从业人员能力

应当具备与所开展的检测活动相适应的技术负责人和专业技术人员。

1）技术和质量负责人具有高级专业技术职称，6 年以上质量检测工作经历。专业检测技术人员不少于 35 人，其中：高级职称技术人员不少于 3 人，机械、力学、土木、水利、材料不少于其中 3 个专业、每个专业不少于 1 人，本科及以上学历，6 年以上检测工作经历；中级及以上职称或全日制本科以上学历人员不少于 25 人，从事检测工作3 年以上，涵盖机械、力学、土木、水利、材料、电气等相关专业。

2）具备满足检测要求的、经正式聘用人防工程专业检测人员，其数量、技术能力、教育背景应当与所开展的检测活动相匹配并且只能在本检测机构中从业，其中 80% 的检测人员在本机构从业不少于 3 年。

3）检测机构与所有人防工程专业管理和检测人员均须依法签订劳动合同并缴纳社会保障险。

8.3.6 检测范围

人防工程防护设备检测包括关键原材料性能产品质量和安装后功能检测，具体包括以下 11 项。

1）钢筋混凝土防护设备：门扇材质为钢筋混凝土的防护门、防护密闭门、密闭门、活门；

2）钢结构手动防护设备：材质为钢、启闭方式为手动的防护门、防护密闭门、密闭门、活门、密闭观察窗、封堵板；

3）阀门：密闭阀门、防爆地漏、防爆波闸阀；

4）电控门；

5）防电磁脉冲门；

6）地铁和隧道正线防护密闭门；

7）战时通风设备，主要包括油网滤尘器、过滤吸收器、风机、防护密闭通风管道和各类阀门；

8）相关国家标准规定应包含的防护设备，其他运用新技术新材料研制定型并纳入国家标准的防护设备；

9）防护设备关键原材料性能检测；

10）钢筋混凝土和钢结构构件性能检测；

11）战时通风系统的风量和气密性检测，主要包括清洁风量、滤毒风量、防护段通风管道气密性、密闭通道漏气量检测等。

附　　录

附录 A　检验检测机构资质认定申请书

检验检测机构资质认定

申请书

机构名称（印章）：

主管部门（印章）：

申 请 日 期：

国家市场监督管理总局编制

填表须知

1. 本《申请书》字迹应清楚。

2. 本《申请书》填写页数不够时可附页，但须连同正页编为第　　页，共　　页。

3. 本《申请书》"主管部门"是指检验检测机构的行业主管部门或上级法人单位（无行业主管部门的独立法人单位可不填此项）。

4. 本《申请书》所选项在"□"内划"√"。本《申请书》的每一项须由检验检测机构如实填写，若发现不真实信息，将记入检验检测机构"诚信档案"。

5. 本《申请书》的每一项须由检验检测机构如实填写，须经检验检测机构法定代表人或被授权人（适用时）签名有效。

6. 本《申请书》适用于首次、扩项、复查换证和地址变更评审申请。

1. 概况

1.1　检验检测机构名称：_____

登记/注册地址：_____

邮编：　　　　　　　　E-mail：

负责人：　　　　职务：　　　　固定电话：　　　　手机：

联络人：　　　　职务：　　　　固定电话：　　　　手机：

社会信用代码：_____

1.2　所属法人单位名称（若检验检测机构是法人单位的不填此项）：

_____

地址：_____

负责人：　　　　职务：　　　　电话：

社会信用代码：_____

1.3　主管部门名称（若无主管部门的不填此项）：

_____

地址：_____

负责人：　　　　职务：　　　　电话：

1.4　检验检测机构场所特点：

□固定　　　　□临时　　　　□可移动　　　　□多场所

1.5　法人单位：

1.5.1　独立法人检验检测机构：

□机关法人　　□事业单位法人　　□企业法人　　□民办非企业法人
□其他_____

1.5.2　检验检测机构所属法人（非独立法人检验检测机构填此项）：

□机关法人　　□事业单位法人　　□企业法人　　□民办非企业法人
□其他_____

2. 资质认定申请

2.1　申请类型（除首次外可多选）：

□首次　　　　□扩项　　　　□复查换证　　　　□地址变更

2.2　资质认定程序：

□一般程序　　　□告知承诺程序

2.3　评审方式：

□现场评审　　　□远程评审　　　□现场＋远程评审　　　□书面审查

2.4　已获资质认定情况（首次可不填此项）：

资质认定证书编号：　　　　　　证书有效期至：

2.5　授权名称：

3. 申请资质认定的专业类别

4. 检验检测机构资源

4.1　检验检测机构总人数：＿＿＿＿＿＿＿名。

高级专业技术职称＿＿＿＿＿名，占＿＿＿＿＿％；中级专业技术职称＿＿＿＿＿名，占＿＿＿＿＿％；初级专业技术职称＿＿＿＿＿名，占＿＿＿＿＿％；其他＿＿＿＿＿名，占＿＿＿＿＿％。

4.2　检验检测机构设备设施资产情况：

固定资产原值：＿＿＿＿＿＿万元。

仪器设备总数：＿＿＿＿＿＿台（套）。

产权状况：□自有＿＿＿＿＿％；　　　□租用＿＿＿＿＿％；

4.3　检验检测机构总面积＿＿＿＿＿＿ m^2 。

检验检测场地面积：＿＿＿＿＿＿ m^2 ；温恒面积：＿＿＿＿＿＿ m^2 ；户外检验检测场地面积：＿＿＿＿＿＿ m^2 。

场地产权状况：□自有＿＿＿＿＿％；　　□租用＿＿＿＿＿％；　　□其他＿＿＿＿＿％。

4.4　多检测场所的地址（适用时）：

4.5　本次新申请的检测场所地址（适用时）：

5. 附表

附表1：检验检测能力申请表

附表2：授权签字人汇总表

附表2-1：授权签字人基本信息表

附表3：组织机构图

附表4：检验检测机构人员表

附表5：仪器设备（标准物质）配置表

6. 随《申请书》提交的附件

6.1　典型检验检测报告或证书（每个类别1份）

6.2　质量手册（1套）（适用于首次、复查换证）　　　　　　　　　　□

6.3　程序文件（1套）（适用于首次、复查换证）　　　　　　　　　　□

6.4　其他证明文件：　　　　　　　　　　　　　　　　　　　　　　□

6.4.1　法人地位证明文件（适用于首次、复查换证）

6.4.1.1　独立法人检验检测机构需提供法人登记/注册证书　　　　　□

6.4.1.2　非独立法人检验检测机构需提供下列材料：

6.4.1.2.1　检验检测机构设立批文　　　　　　　　　　　　　　　　□

6.4.1.2.2　所属法人单位法律地位证明文件　　　　　　　　　　　　□

6.4.1.2.3　法人授权文件　　　　　　　　　　　　　　　　　　□

6.4.1.2.4　最高管理者的任命文件　　　　　　　　　　　　　□

6.4.2　固定场所产权/使用权证明文件　　　　　　　　　　　□

6.4.3　资质认定证书复印件（首次申请除外）　　　　　　　□

6.4.4　从事特殊领域检验检测人员资质证明（适用时）　　　□

7. 希望评审时间：　　　年　　　月　　　日

8. 检验检测机构自我承诺

8.1　本检验检测机构遵守《中华人民共和国计量法》及其实施细则、《中华人民共和国产品质量法》、《中华人民共和国认证认可条例》、《检验检测机构资质认定管理办法》等相关法律、法规及规章的规定。

8.2　本检验检测机构符合《检验检测机构资质认定评审准则》及相关评审补充要求。

8.3　本检验检测机构承诺所提交的申请及相关证明材料均为真实信息。

检验检测机构法定代表人签名：　　　　　日期：　　　年　　　月　　　日

检验检测机构被授权人签名（适用时）：　　　　　日期：　　　年　　　月　　　日

附表1

检验检测能力申请表

机构名称：

检测场所地址：

序号	类别（产品/项目/参数）	产品/项目/参数		依据的标准（方法）名称及编号（含年号）	限制范围	说明
		序号	名称			
一家用电器						
1	电冰箱	1.1	＃＃＃			
		1.2	＃＃＃			
2	电视机	2.1	＃＃＃			
		2.2	＃＃＃			

注：①以产品标准申请检验检测能力的，对于不具备检验检测产品标准全部参数的，应在"限制范围"中注明；只能检验检测产品标准的非主要参数的，不得以产品标准申请；

②多场所的检验检测机构，应按照不同场所分别填写本表；

③本表对"家用电器"等的填写仅为"示例"。检验检测机构可不受本"示例"限制，依据自身行业特点填写。示例："家用电器"，以汉字数字（一、二、三…）为序，设立通行填写检验检测大类；以阿拉伯数字（1.1、1.2、1.3…）为序，填写类别（产品/参数/项目）；以次级阿拉伯数字（1.1、1.2、1.3…）为序，填写产品/参数/项目的名称；

④依据的标准含条款号的，应在标准编号后写明条款号。

附表 2

授权签字人申请汇总表

机构名称：

检测场所地址：

第　页，共　页

序号	姓名	职务/职称	申请授权签字领域	备注

注：多场所的检验检测机构，应按照不同场所分别填写本表。

附表 2-1

授权签字人申请表

姓名：_____ 性别：_____ 出生年月：_____

职务：_____ 职称：_____ 文化程度：_____

部门：_____

电话：_____ 电子邮件：_____

签字领域：_____

_____

何年毕业于何院校、何专业、受过何种培训：_____

_____

_____

_____

从事检验检测工作的经历：_____

_____

_____

_____

授权签字人签名：_____

相关说明（若授权领域有变更应予以说明）：

注：每位授权签字人填写一张表格，多场所的检验检测机构，签字领域应按照不同检测场所分别填写。

附表3

组织机构框图

附表4

检验检测机构人员表

机构名称：　　　　　　　　　　检验场所地址：　　　　　　　　第　　页，共　　页

序号	姓名	性别	年龄	文化程度	职务（岗位）	职称	所学专业	从事本技术领域年限	现在部门岗位	备注

注：与检验检测工作无关的人员无须填写（如财务、后勤人员）。

附表5

仪器设备（标准物质）配置表

机构名称：　　　　　　　　检验场所地址：　　　　　　第　　页，共　　页

序号	类别（产品/项目/参数）	产品/项目/参数		依据的标准（方法）名称及编号（含年号）	仪器设备（标准物质）			溯源方式	有效日期	确认结果
		序号	名称		名称	型号/规格/等级	测量范围			

注：① 申请时，该表的前4项与《申请书》附表1对应；

② 溯源方式填写：检定、校准或核查等；

③ 多场所的检验检测机构，按不同场所分别填写；

④ 确认意见分为"符合"和"不符合"两种，检验检测机构应对仪器设备检定校准的数据和结果进行分析，判断是否符合检验检测标准、技术规范、程序的要求。

CNAS-AL01

实 验 室 认 可 申 请 书

实验室名称：_____

申 请 日 期：_____年_____月____日

中国合格评定国家认可委员会

二〇二〇年八月

申请须知

1. 实验室在填写"实验室认可申请书"（以下简称"申请书"）前应认真阅读本须知和相关表格的填表说明。

2. 本申请书适用于检测实验室、校准实验室、医学参考测量实验室、司法鉴定/法庭科学机构的初次申请、扩大认可范围（含扩大认可范围＋复评审）申请。

3. 实验室在提交本"申请书"前应了解并自愿遵守中国合格评定国家认可委员会（CNAS）有关认可的政策和要求。CNAS 的认可规范文件可在 CNAS 网站（www. cnas. org. cn）查阅。

4. 认可所需费用请参见《实验室和检验机构认可收费管理规则》（CNAS-RL03）。

5. 认可受理的条件和要求请参见《实验室认可规则》（CNAS-RL01）和《境外实验室和检验机构受理规则》（CNAS-RL04）。

6. 申请/已获认可实验室的权利和义务，以及 CNAS 的权利和义务请参见《实验室认可规则》（CNAS-RL01）。

7. 申请实验室对 CNAS 作出的认可决定有异议时，请按《申诉、投诉和争议处理规则》（CNAS-R03）进行申诉。

8. CNAS 对开展内部校准实验室的认可要求，参见《内部校准要求》 （CNAS-CL01-G004）。

9. 实验室不能以认可准则（标准）从事合格评定活动。

10. 实验室递交本"申请书"的同时，应交纳申请费（人民币：500 元）。对港澳台及国外实验室的相关认可收费标准，依据国际惯例，由双方协商并在合同中约定。申请费可汇入：

> 户名：中国合格评定国家认可中心
> 开户银行：北京银行学知支行
> 账号：××××××××××××××××××××××××××
> 汇款用途：实验室认可申请费

11. 实验室须登录 CNAS 实验室/检验机构业务系统（www. cnas. org. cn/实验室/检验机构认可业务在线申请），在线填写并提交认可申请书。具体提交方式及要求见业务系统的提示。

填报说明

1. 本"申请书"用计算机打印，要字迹清楚。

2. 本"申请书"书面文本有关项目填写页数不够时可用 A4 纸附页，但须连同正页编第页，共 页。

3. 本"申请书"的格式和内容不允许更改。

4. 本"申请书"所选"□"内打"√"。

5. 本"申请书"须经实验室法定代表人或被授权人手书签名有效。

6. 本"申请书"中除特别注明外，简称"实验室"均包括检测实验室、校准实验室、医学参考测量实验室和司法鉴定/法庭科学机构。

7. 开展内部校准的实验室，应就内部校准所使用的仪器设备填写申请书附表 4-2。

8. 本"申请书""随本申请书提交的文件资料"栏目中所提及的"典型项目的检测报告/校准证书/鉴定文书及不确定度评估报告"，是指提交每一申请认可的领域中具有代表性的检测报告/校准证书/鉴定文书，以及与所提交的检测报告/校准证书/鉴定文书相对应的不确定度评估报告，并能覆盖申请认可的方法。

实验室声明

1. 本实验室自愿申请中国合格评定国家认可委员会（CNAS）的认可。

2. 本实验室已充分了解并同意遵守 CNAS 实验室认可规则和相关要求的规定。

3. 本实验室保证本"申请书"所填写信息及提供的申请资料真实、准确，在认可评审活动中向 CNAS 和评审组提供真实信息，并承担由于信息提供虚假或不准确而造成的一切后果和责任。

4. 本实验室服从 CNAS 秘书处的各项评审安排，愿意向 CNAS 提供认可评审所需的任何信息和资料，并为评审工作提供方便。

5. 本实验室保证不论评审结果如何，均按规定向 CNAS 交付有关的认可费用。

申请认可实验室法定代表人/被授权人签名：

申请认可实验室盖章：

年　　　月　　　日

一、实验室概况（本栏须以中英文填写）

名称	
Name of laboratory	

注：① 申请机构填写的名称应为法人的名称或法人的名称后附属其内部确定的名称。
　② 法人确定的附属内部名称不得含有有损于国家、社会公共利益的、可能对公众造成欺骗或者误解等的文字。
　③ 申请机构填写英文名称应与中文名称相一致，对于有不一致的应报登记主管机关登记注册。

地址	
Address	

电话 （Tel）		传真 （Fax）		邮政编码 （Postcode）	

网址（Website）		电子信箱（E-mail） （联系人）	

负责人		职务		电话（Tel）	
Person in Charge		Position		电子信箱 （E-mail）	
联系人		职务		电话（Tel）	
Contact Person		Position		手机（Mobile）	

法律 地位	实验室或其母体	□机关法人　□事业法人　□社团法人　□企业法人　□其他
	实验室	□独立法人　□非独立法人

实验室所在具有法人资格的机构名称（若实验室是独立法人单位此项不填）：
Name of parent organization（Not applicable if the laboratory is a legal entity）：

组织机构代码/统一社会信用代码					
法定代表人		职务		电话（Tel）	
Legal Representative		Position		传真（Fax）	

电子信箱（E-mail）	

资产性质	□国有　□民营　□股份制　□外商独资　□中外合资　□中外合作　□其他
运行资金来源	□全部政府拨款　□部分政府拨款　□全部自收自支　□部分自收自支 □全部上级单位补贴　□部分上级单位补贴　□其他
实验室性质	□行政执法　□商业服务　□企业服务　□科研　□教学　□其他
实验室属性	□国务院部委　□地方政府 □行业组织（联合会、协会）　□科研机构和大专院校所属 □国有、民营/外资等企业　□其他

二、申请类型及证书状况

□初次
□扩大认可范围（原证书号：_____ 有效期至：_____）
公布英文证书附件的需求：□ 需要　□ 不需要
注：如需要对外公布英文证书附件，请同时填写附表 7。

三、实验室基本信息

实验室类别：
□检测实验室（□开展内部校准的检测实验室　□"能源之星"检测实验室　□CCC 实验室
□EPA 木制品检测实验室
□蓝牙检测实验室）
□校准实验室（□含现场校准）
□司法鉴定/法庭科学机构
□医学参考测量实验室

实验室特性：
1. □中资实验室　□外方独资实验室　□中外合资实验室　□中外合作实验室　□其他
2. □中国内地实验室　□中国香港实验室　□中国澳门实验室　□中国台湾实验室　□国外实验室
3. □国家中心　□国家重点　□部级、行业中心（站）　□省市级中心（站）　□3C 检测指定　□司法鉴定/法庭科学机构
□生产许可证　□出口许可证　□其他市场准入
4. □已获国家级资质认定证书　□已获省市级资质认定证书
5. □已获_____（国际组织）认定资格　□CB 实验室　□其他：_____
6. □其他：_____

实验室设施特点：
□固定　□离开固定设施的现场　□临时　□可移动

实验室场所特点：　□单一场所　□多场所
注：多场所实验室是指具有同一个法人实体，在多个地址开展完整或部分检测、校准和鉴定活动的实验室

实验室人员及设施（存在多场所或分支机构时，请按不同地点填写此栏）：
实验室始建于_____年，现有工作人员_____名，其中管理人员_____名，检测/校准/鉴定人员_____名。占地面积_____平方米，其中试验场地_____平方米，主要仪器设备_____台（套）

实验室技术能力（请用文字叙述，存在多场所或分支机构时，请按不同场所填写此栏）：
实验室申请的检测领域描述：_____
校准领域描述：_____
司法鉴定/法庭科学领域描述：_____
医学参考测量领域描述：_____
实验室申请的检测/校准/鉴定能力范围：
检测的产品/产品类别_____项；校准的测量仪器_____台（套）；鉴定对象类别_____项；参考测量项目_____项。
实验室申请认可的授权签字人：_____（名）

实验室获得其他认可机构认可的说明：

实验室管理体系初始运行（第 1 版体系文件）时间的说明：

四、申请书附表（仅填写与申请认可有关的内容，当实验室存在多场所或分支机构时，应分别填写以下附表）

附表 1　实验室关键场所一览表
附表 2-1　实验室授权签字人一览表
附表 2-2　授权签字人申请表
附表 3　实验室人员一览表
附表 4-1　申请认可的检测能力及仪器设备（含标准物质/标准样品）配置/核查
附表 4-2　申请认可的"能源之星"检测能力及仪器设备（含标准物质/标准样品）配置/核查表
附表 4-3　申请认可的校准和测量能力及仪器设备/标准物质配置/核查表
附表 4-4　申请认可的司法鉴定/法庭科学机构仪器设备/标准物质配置/核查表
附表 4-5-1　申请认可的参考测量能力及仪器设备配置/核查表
附表 4-5-2　实验室标准物质（参考物质）配置/核查表（医学参考测量实验室专用）
附表 4-6　判定标准情况一览表
附表 5-1　实验室参加能力验证/测量审核一览表
附表 5-2　实验室参加实验室间比对一览表
附表 6　管理体系核查表（初次申请时填写）
附表 7　实验室英文能力范围表（需要公布英文证书附件时填报）
附表 7-1　实验室关键场所一览表（英文）
附表 7-2　申请认可的实验室授权签字人一览表（英文）
附表 7-3　申请认可的检测能力范围（英文）
附表 7-4　申请认可的校准和测量能力范围（英文）
附表 7-5　申请认可的"能源之星"检测能力范围（英文）
附表 7-6　申请认可的鉴定能力范围（英文）
附表 7-7　申请认可的参考测量能力范围（英文）
附表 7-8　判定标准一览表（英文）

五、申请书附件

附件 1　认可合同（一式二份）

六、随本申请书提交的文件资料

---

　1. 实验室法律地位的证明文件，包括法人营业执照、（非独立法人实验室适用）法人或法定代表人的授权文件（若没有变化，仅在初次申请时提供）
　2. 实验室现行有效的质量手册（如有）和程序文件（或其他称谓）
　3. 实验室进行最近一次完整的内部审核和管理评审的资料（初次申请时提交）
　4. 实验室平面图
　5. 当实验室是法人实体的一部分时，两者关系的说明
　6. 对申请认可的标准/方法现行有效性进行的核查情况（提交核查报告）
　7. 非标方法及确认记录（证明材料）
　8. 典型项目的检测报告/校准（参考测量）证书/鉴定文书及其不确定度评估报告
　9. 申请"能源之星"检测的实验室还应提供：
　1）填写的能源之星产品分类表（从 EPA 网站下载，网址：http：//www.energystar.gov/index.cfm？c＝third_party_certification.tpc_labs）
　2）"能源之星"检测方法与实验室检测程序、检测人员对应一览表
　10. 其他资料（若有请填写）　□有　□无

附表 1

实验室关键场所一览表（中文）

	地址代码	地址/邮编	设施特点	主要活动	备注
关键场所	A				
	B				
	C				

填表说明：

1. 设施特点包括Ⅰ固定、Ⅱ离开固定设施、Ⅲ临时、Ⅳ可移动、Ⅴ其他。

2. 主要活动包括（1）检测；（2）校准；（3）签发报告和/或证书；（4）样品接收；（5）合同评审；（6）其他。

3. "设施特点"和"主要活动"栏应填写第1、2条的代码，可复选，选择"其他"时，应标注具体内容。

4. 如不需要英文证书附件，可不填写英文部分表格。

5. 复评审时，对同时增加地址和/或地址变更确认，应在"备注1"栏注明"新增""变更"字样。

附表 2-1

实验室授权签字人一览表（中文）

名称：

地址：

序号	授权签字人姓名	授权签字领域	备注

填表说明：

1. 请列出所有申请认可的实验室授权签字人；
2. "授权签字领域"请按申请认可项目的专业领域或产品类别描述；
3. "授权签字领域"请将检测领域、校准领域、鉴定领域、医学参考测量领域分开叙述；
4. 医学参考测量实验室的"授权签字领域"按 CNAS-AL11 的专业领域描述；
5. "授权签字领域"中的内容应与附表 1-2 中"申请签字的领域"相同；
6. 请在"备注"栏注明维持、新增或授权范围变化（指扩大或缩小授权范围）等情况（初次申请除外）；
7. 存在多场所或分支机构时，在不同场所签发报告/证书/鉴定文书的授权签字人请分开填写。

附表 2-2

授权签字人申请表

实验室名称：_____

No.

姓名		性别		出生年月	
职务		职称		文化程度	
电话		所在部门			
申请签字的领域					

何年毕业于何院校、何专业、受过何种培训

工作经历及从事实验室技术工作的经历

申请人签字：_____

相关说明（若授权领域有变更应予以说明）

附表3

实验室人员一览表

名称：

地址：

序号	姓名	性别	年龄	职称	文化程度	所学专业	毕业时间	所在部门	岗位	从事本岗位年限	备注

填表说明：

1. "岗位"栏请填写实验室主任、××室主任、检测员、鉴定人、档案管理员、授权签字人等。

2. 当一人多职时，请在"备注"栏按下列序号注出该人的其他关键岗位：①负责管理体系运行的人员；②对实验室活动有效性负责的人员；③监督员。其他关键岗位序号可顺延，并可用文字叙述。

3. "从事本岗位年限"是指该人员在本实验室本岗位的工作年限，不是该人员的工龄。如果该人员在其他机构从事过本岗位工作，可在"备注"栏说明其在其他机构从事的该岗位的年限。

4. 存在多场所或分支机构时，不同场所的人员请分开填写。

附表 4-1

申请认可的检测能力及仪器设备（含标准物质/标准样品）配置/核查表

名称：

地址：

序号	检测对象	项目/参数		领域代码	检测标准（方法）名称及编号（含年号）	说明	备注1	检测开展日期	近2年检测次数	使用仪器设备/标准物质					是否确认（Y/N）	备注2
		序号	名称							名称	型号规格	测量范围	扩展不确定度/最大允差/准确度等级	溯源方式		

填写说明：

1. 本表适用于检测实验室。CNAS对检测能力表述的要求请参见《检测和校准实验室认可能力范围表述说明》（CNAS-EL-03）。

2. "项目/参数"栏应填写实验室能够按照本表中所列检测标准（方法）实际进行检测的项目或参数。如不能对标准（方法）要求的个别参数进行检测，或只能选用其中的部分方法对某参数进行检测时，应在"说明"栏内注明"只测×××""不测×××"或"只用×××方法""不用×××方法"。

3. 使用可移动设施、租用设备、设施，或其他需说明的情况，填写在"说明"栏。可以进行现场检测的项目/参数，请在"项目/参数"栏标注＊号。

4. "领域代码"参见《实验室认可领域分类表》（CNAS-AL06）。

5. "溯源方式"栏填写送校、内部校准、送检、比对或其他验证方式等。其中送校、送检是指送到实验室法人以外的机构进行校准或检定，内部校准是指在实验室或实验室所在法人单位进行校准。填写"其他验证方式"时，应在"备注2"栏注明所用方式。

6. "扩展不确定度/最大允差/准确度等级"栏除填写数据外，还应填写相应的类型序号，例如：②±5mA。

7. 实验室对申请认可的能力进行自查，"确认"设备/标准物质满足申请认可的检测能力要求时填写"Y"，反之填写"N"。当核查结果为"N"时，实验室不应申请认可。

8. 复评审时，对同时扩大检测范围和标准变更确认，应将扩项能力和变更标准在"备注1"栏注明"扩项""变更"字样。

9. 实验室为多场所时，请分别填写此表。

附表 4-2

申请认可的"能源之星"检测能力及仪器设备（含标准物质/标准样品）配置/核查表

名称：

地址：

序号	检测对象	项目/参数		领域代码	检测标准（方法）名称及编号（含年号）	说明	备注1	检测开展日期	近2年检测次数	使用仪器设备/标准物质					是否确认（Y/N）	备注2
		序号	名称							名称	型号规格	测量范围	扩展不确定度/最大允差/准确度等级	溯源方式		

填写说明：

1. 本表适用于开展"能源之星"检测的实验室。检测标准（方法）的填写应参考 EPA 对"能源之星"产品及其测试方法的要求列表，且为实际开展检测时采用的方法，并为有效版本。

2. 如认可的标准中有引用方法标准的，引用的方法标准也应同时在此表中予以申请；如同一个标准被不同产品引用，应在每个产品类别中同时列出。

3. 当能源之星检测标准中部分内容不涉及检测要求，仅有特定章节或条款规定其检测方法时，"项目/参数"栏内不应填写"全部项目"或"全部参数"，应给出具体检测参数或项目，并在"检测标准（方法）名称及编号（含年号）"栏中注明检测标准的条款或章节号。

4. 在"说明"栏注明已获认可证书附件中的序号、针对每个方法的检测人员姓名。

5. 复评审时，对同时扩大检测范围和标准变更确认，应将扩项能力和变更标准在"备注1"栏注明"扩项""变更"字样。

6. 其他与附表 4-1 要求相同。

附表 4-3

申请认可的校准和测量能力及仪器设备/标准物质/配置/核查表

名称：

地址：

序号	测量仪器名称	被测量		领域代码	规范名称及代号	测量范围	扩展不确定度（$k=2$）	说明	校准开展日期	近2年校准次数	计量标准及主要配套设备/标准物质					是否确认（Y/N）	备注2
		序号	名称								名称	型号规格	测量范围	扩展不确定度/最大允差/准确度等级	溯源方式		

填写说明：

1. 本表适用于校准实验室。CNAS 对校准能力表述的要求请参见《检测和校准实验室认可能力范围表述说明》（CNAS-EL-03），填表前请认真阅读该文件。
2. "测量仪器"指被校准的测量设备。
3. "被测量"栏应填写具有示值特性且能给出测量不确定度的量。
4. 开展现场校准的仪器设备，请在"测量仪器名称"栏仪器名称前标注＊号。
5. "扩展不确定度"栏，当包含因子等于 2 时可不填，反之需注明。
6. 当被校测量仪器中的某些类型不具备校准能力时，应在"说明"栏进行说明。
7. "计量标准及主要配套设备/标准物质"栏应填写校准所需的全部测量仪器和/或标准物质及主要辅助设备。
8. "溯源方式"栏填写送校、内部校准、送检、比对或其他方式等。其中送校、送检是指送到实验室法人以外的机构进行校准或检定；内部校准是指实验室自身具备该设备的校准或检定资质。
9. 实验室对申请认可的能力进行自查，"确认"所配置的测量设备满足申请认可的校准能力要求时填写"Y"，反之填写"N"。当核查结果为"N"时，实验室不应申请认可。
10. 扩大校准能力时应在备注栏注明"扩项"，变更已认可能力时应在"备注"栏注明"变更"。
11. 实验室为多场所时，请按不同地址分别填写此表。

附表 4-6

判定标准情况一览表

名称：

地址：

序号	产品名称	领域代码	判定标准名称及编号（含年号）	说明	项目/参数		检测标准（方法）名编号（含年号）	获认可情况	备注
					序号	名称			
								□已获认可 □申请认可，在附表 4-1 中的序号：No	

填表说明：

1. 本表中所述判定标准是指不包含具体检测方法内容，只涉及限值要求的产品标准、规程规范或法规。

2. 本表中所列的"检测标准"，应已获认可或与判定标准同时申请认可。

3. 领域代码按产品填写。

4. 请对获认可情况进行选择，检测标准（方法）未获认可且本次也未申请认可的，不予受理判定标准申请，限制范围及其他需要说明的事项，请填写在"说明"栏。

5. 标准中既有检测方法，也有判定标准的，按检测能力申请认可。

6. 复评审时，对同时扩项和标准变更确认，应将扩项能力和变更标准在"备注"栏注明"扩项""变更"字样。

附表 5-1

实验室参加能力验证/测量审核一览表

名称：

地址：

序号	能力验证名称	计划编号	参加时间	组织方	参加项目/参数名称	依据方法标准编号	所用仪器设备名称	仪器设备编号	试验人员	参加结果	非满意结果处理情况	备注

填表说明：

1. 填写近 3 年内参加的所有能力验证/测量审核项目，包括已获认可和未获认可的项目。

2. 组织方为 CNAS 或 CNAS 承认的组织机构，其名单见 CNAS 网站。

3. "参加结果"栏应填写参加能力验证计划/测量审核的结果，如满意、不满意、有问题等。

4. "非满意结果处理情况"栏填写申请时正在暂停（还未被恢复认可）或已被撤销认可资格的项目。

5. 非认可项目请在"备注"栏注明。

6. 存在多场所或分支机构时，请分别填写该表。

附表 5-2

实验室参加实验室间比对一览表

名称：

地址：

序号	参加项目名称	组织方	参加实验室	参加日期	结果	备注

填表说明：

1. 填写近 3 年内参加的所有实验室间比对项目。

2. 当参加比对的实验室数量较多时，最多可列出 5 家实验室的名称。

3. "结果"栏请将满意、有问题、不满意的项目分开填写。

4. 存在多场所或分支机构时，请分别填写该表。

附录 C　检验机构认可申请书

CNAS-AI01

检 验 机 构 认 可 申 请 书

Application for Inspection Body Accreditation

检验机构名称：_____

申 请 日 期：_____年____月___日

中国合格评定国家认可委员会
二〇二〇年八月

申请须知

1. 在填写"检验机构认可申请书"（以下简称"申请书"）前请认真阅读本须知和相关表格的填表说明。

2. 申请认可的检验机构在提交本"申请书"前应了解并自愿遵守中国合格评定国家认可委员会（CNAS）有关认可的政策和要求。CNAS的认可规范文件可在CNAS网站（www.cnas.org.cn）查阅。

3. 认可所需费用请参见CNAS-RL03《实验室和检验机构认可收费管理规则》。

4. 认可受理的条件和要求请参见CNAS-RI01《检验机构认可规则》和CNAS-RL04《境外实验室和检验机构受理规则》。

5. 申请/已获认可检验机构的权利和义务，以及CNAS的权利和义务请参见CNAS-RI01《检验机构认可规则》。

6. 申请认可的检验机构对CNAS作出的认可决定有异议时，可按CNAS-R03《申诉、投诉和争议处理规则》提出申诉。

7. CNAS对申报资料进行审查，当审查结果为"暂缓实施现场评审"时，检验机构在管理体系整改达到规定要求后，需运行3个月以上，方可安排现场评审。

8. 检验机构递交本"申请书"的同时，应交申请费（人民币：500元）。对港澳台及国外检验机构的相关认可收费标准，依据国际惯例，由双方协商并在合同中约定。申请费可汇入：

户名：中国合格评定国家认可中心

开户银行：北京银行学知支行

账号：××××××××××××××××××××××

汇款用途：检验机构认可申请费

请在汇款后将汇款单扫描件上传至CNAS实验室检验机构认可业务管理系统中申请书-附件-其他资料。汇款单扫描件中须注明汇款检验机构名称（当汇款单位名称与申请书中检验机构名称不一致时，须注明申请书中的检验机构名称）、联系人、地址、邮政编码、联系电话。

CNAS只有在确认收到申请费后才会启动评审任务。

9. 申请认可的检验机构须提交1份本"申请书"（含附表1、附表4）、1份随本"申请书"提交的文件资料（检验机构法律地位及相关从业资质的证明文件、其他资料）的书面文本，并在CNAS实验室检验机构认可业务管理系统中提交完整的申请书（含全部附表）及随本"申请书"提交的文件资料的电子版本。

填报说明

1. 本"申请书"用计算机打印，要字迹清楚。

2. 本"申请书"书面文本有关项目填写页数不够时可用A4纸附页，但须连同正页编第____页，共____页。

3. 本"申请书"的格式和内容不允许更改。

4. 本"申请书"所选"□"内打"√"。

5. 本"申请书"须经检验机构法定代表人或被授权人签名有效。

6. 本"申请书"适用于初次申请、扩大认可范围的申请。

7. 本"申请书""随本申请书提交的文件资料"栏目中所提及的"典型项目的检验报告/检验证书",应能覆盖申请认可的检验领域和检验方法。

8. 如需要公布英文证书附件时,应填写附表 1 和附表 4 英文版。

检验机构声明

1. 本检验机构自愿申请中国合格评定国家认可委员会(CNAS)的认可。

2. 本检验机构已充分了解并同意遵守 CNAS 检验机构认可规则和相关要求的规定。

3. 本检验机构保证本"申请书"所填写信息真实、准确,在认可评审活动中向 CNAS 和评审组提供真实信息,并承担由于提供虚假或不准确信息而造成的一切后果和责任。

4. 本检验机构服从 CNAS 秘书处的各项评审安排,愿意向 CNAS 提供认可评审所需的任何信息和资料,并为评审工作提供方便。

5. 本检验机构保证不论评审结果如何,均按规定向 CNAS 交付有关的认可费用。

申请认可检验机构法定代表人/授权代表签名:

　　　　　　　　申请认可检验机构或其法人盖章:

　　　　　　　　　　年　　　月　　　日

检验机构认可申请书

一、检验机构概况（本栏须以中英文填写）

名称：
Name：

地址：
Address：

电话（Tel）：	传真（Fax）：	邮编（Postcode）：
网址（Website）：		电子信箱（E-mail）：
负责人：	职务：	电话：
Person in Charge：	Position：	Tel：
联系人：	职务：	电话：
Contact Person：	Position：	Tel：

检验机构所在具有法人资格的机构名称（如不同于检验机构名称）：
Name of Legal Entity（If different from the Name of Inspection Body）：

法定代表人：	职务：	电话：
Legal Representative：	Position：	Tel：

二、检验机构基本信息

检验机构类别：
□A 类检验机构　□B 类检验机构　□C 类检验机构

检验机构参加能力验证计划情况：
最近 4 年内参加能力验证计划共＿＿＿＿次（其中，检验活动能力验证计划＿＿＿＿次，与检验活动相关的检测能力验证计划＿＿＿＿次，测量审核＿＿＿＿次），参加检验机构间能力比对共＿＿＿＿次

检验机构人员设施：
本检验机构始建于＿＿＿＿年，现有工作人员＿＿＿＿名，其中机构负责人＿＿＿＿名，授权签字人＿＿＿＿名，检验员＿＿＿＿名，其他管理人员＿＿＿＿名。主要仪器设备＿＿＿＿台（套），占地面积＿＿＿＿平方米，其中试验场地＿＿＿＿平方米

对检验机构多场所或分支机构的说明（适用时）：

获认可情况（初次评审时不填）：
初次获认可日期：＿＿＿＿年＿＿＿＿月＿＿＿＿日
最新认可有效期至：＿＿＿＿年＿＿＿＿月＿＿＿＿日；证书号：＿＿＿＿＿＿＿＿＿＿＿＿
检验机构已获认可的检验领域描述：＿＿＿＿＿＿＿＿＿＿＿＿＿＿＿＿＿＿＿＿＿＿＿＿

获得的其他相关资质（请注明发证机构、资质证书名称及有效期等信息）：

三、检验机构申请认可内容

申请认可类型：
□初次认可
□扩大认可范围（原证书号：＿＿＿＿＿＿＿＿＿＿ 有效期：至＿＿＿＿＿＿＿＿＿＿ ）

申请认可依据：
□CNAS 认可规则
□CNAS-CI01（等同 ISO/IEC17020：2012）
□CNAS 认可准则的应用说明
□其他（请注明）＿＿＿＿＿＿＿＿＿＿＿＿＿＿＿＿＿＿＿＿

检验机构申请认可的检验对象、项目及其检验活动的简要描述：
＿＿＿＿＿＿＿＿＿＿＿＿＿＿＿＿＿＿＿＿＿＿＿＿＿＿＿＿＿＿＿＿＿＿
＿＿＿＿＿＿＿＿＿＿＿＿＿＿＿＿＿＿＿＿＿＿＿＿＿＿＿＿＿＿＿＿＿＿
＿＿＿＿＿＿＿＿＿＿＿＿＿＿＿＿＿＿＿＿＿＿＿＿＿＿＿＿＿＿＿＿＿＿

如检验机构是其母体组织中的一部分时，母体组织从事的活动的描述：

检验机构自有检测能力的情况说明（请说明自有检测能力是否获得认可，必要时描述获得其他资质的情况）：

检验机构利用外部数据的情况说明（包括从其他实验室获得的检测数据或通过其他途径获得的数据）：

检验机构多场所、分支机构的地点说明（其中，分支机构指多工作地点指保存检验工作记录以及保存当地独立于总部实施质量体系记录的办公地点）：

四、申请认可应填写的附表如下（多办公地点或分支机构请分别填写附表 1-7）：

附表 1：申请认可的检验机构授权签字人一览表（中、英文）
附表 2：申请认可的授权签字人申请表
附表 3：检验机构管理人员及检验员一览表
附表 4：申请认可的检验机构能力范围（中、英文）
附表 5：检验机构能力分析表
附表 6：检验机构参加能力验证/机构间能力比对一览表
附表 7：管理体系核查表（初次申请时填写）

五、申请书附件

附件 1：认可合同（一式二份，仅在初次申请时提供）

六、随本申请书应提交的文件资料

1. 检验机构法律地位及相关从业资质的证明文件（若没有变化，仅在初次申请时提供）
2. 组织机构框图（描述检验机构与所在法人内其他部门之间的关系，以及与母体法人之间的关系等，必要时在附表 7 第 4.1 中进行文字说明）
3. 检验机构平面图（如有分支机构或多工作地点请一并描述）
4. 检验机构现行有效的管理体系文件（初次认可申请或其他必要时提供）
5. 检验机构进行最近一次完整的内部审核和管理评审的资料（初次申请时提交）
6. 检验活动依据的非标准的检验方法及其制定和确认的情况
7. 对申请认可的标准/方法现行有效性进行的核查情况（提交核查报告）
8. 对申请认可的国外标准的核查情况（包括是否有国外标准、当国外标准未进行翻译时检验人员是否具有相应的外语理解能力）
9. 检验机构典型项目的检验报告/检验证书
10. 检验机构获得的人员资质证书和机构其他相关资质证书的复印件
11. 其他资料（请注明）

附表1

申请认可的检验机构授权签字人一览表（中文）

检验机构名称：
地址：

序号	姓名	授权签字领域	备注
1			
2			
3			
4			
5			
6			
7			
8			

填表说明：
1. 授权签字领域应与附表2"申请认可的授权签字人"中"申请表申请认可签字的检验领域及项目"一致，与附表4"申请认可的检验机构能力范围"相对应。
2. 请在"备注"栏注明维持、新增或授权范围变化（指扩大或缩小授权范围）等情况（初次申请除外）。

申请认可的检验机构授权签字人一览表（英文）

Inspection Body：

Address：

No	Name	Scope of Authorized Signature	Note
1			
2			
3			
4			
5			
6			
7			
8			

附表 2

申请认可的授权签字人申请表

（授权签字地址：　　　　　　　　　　　　　　　　　　　　　）

姓名		性别		出生年月	
文化程度		职务		职称	
电话		传真		电子邮件	

申请认可签字的检验领域及项目

教育和培训经历

工作经历及从事检验工作的经历

自我评价及必要说明

评价内容：

评价结果：□符合　□基本符合，必要说明：

授权签字人签名：　　　　　　　　　　　　　　　　日期：

附表3

检验机构管理人员及检验员一览表

（地址：　　　　　　　　　　　　　　　　　　　　　　　　）

序号	姓名	性别	年龄	文化程度	所学专业	职务/职称/法定执业资格	所在部门/检验领域/岗位/职责	本专业工作年限	本岗位工作年限	备注

填表说明：

1. 职务是指在检验机构内承担的行政管理职务；法定职业资格是指国家或行业主管部门签发的能够从事特定行业检验活动所获得的资格；岗位请填写是否是检验员或是管理部门人员；职责是指在检验机构管理体系中承担的职责，通常包括：质量主管、技术主管、授权签字人、内审员、监督员、设备管理员等；
2. 本表可以按工作地点填写，也可以在备注栏中注明工作地点。

附表 4

申请认可的检验机构能力范围（中文）

检验机构名称：
地址：

序号	检验对象	检验项目		领域代码	依据的检验标准/方法程序及编号	说明	备注
		序号	名称				

申请认可的检验机构能力范围（英文）

Inspection Body：
Address：

No	Object of inspection	Item of inspection		Code of field	Code of standard/ method or procedure	Remark	Note
		No	Description				

附表5

检验机构能力分析表

（地址：　　　　　　　　　　　　　　　　　　　　　　　　　　）

序号	检验对象	检验项目		依据的检验标准/方法/标准号	检验员名单	检验手段					自有设备			近2年检验次数	备注
		序号	名称			感官检验	利用设施/设备检验	利用内部检测结果	利用外部资源	其他（应说明）	名称型号	溯源方式	编号		

填表说明：

1. 此表前4栏内容应与申请认可范围相对应。一个检验项目对应多个检验标准、方法时，请填写全部检验标准、方法，通常情况按检验项目为通栏填写检验员名单、检验手段、自有设备等相关栏目即可，当检验标准、方法较多或涉及面广泛，通栏描述不能表明检验能力的时候，也可以选择将栏目细分，逐一描述相应检验标准、方法的检验手段和自有设备等情况；一个检验项目对应多个检验员时，请写全部承担该项目的检验员。

2. 溯源方式栏应注明：送校；自校；送检；自检；比对或其他验证方式等。

3. 利用设施设备检验时，应填写可获得的、典型型号的设备名称和重要信息。

附表6

检验机构参加能力验证/机构间能力比对一览表

（地址：　　　　　　　　　　　　　　　　）

序号	参加项目名称	组织方	比对类型	参加机构	参加日期	结果	备注
1							
2							
3							

检验机构有条件开展能力验证/机构间比对的其他项目名称：

附录 D 雷电防护装置检测资质申请表

附表 1

雷电防护装置检测资质申请表

填报单位（盖章）： 填报日期： 年 月 日

单位名称				
法定代表人		经济性质		
主管单位				
单位地址				
通信地址		邮政编码		联系电话
申请雷电防护装置检测资质等级				
从事雷电防护装置检测时间				

本单位专业技术人员数量

高工	人	工程师	人	助工/技术员	人	技工	人
单位概况							

本人承诺：所提供材料真实有效。

法定代表人：
年 月 日

评审意见	
	年 月 日
主管部门审批意见	
	年 月 日

附表 2

专业技术人员简表

填报单位（盖章）：　　　　　　　　　　　　　填报日期：　　　　　　　年　　月　　日

序号	姓名	身份证号	职称专业	职称	工作岗位	从事雷电防护装置检测工作时间	其他证编号

附表 3

近三年已完成雷电防护装置检测项目表

填报单位（盖章）：　　　　　　　　　　　　　　填报日期：　　　　年　　月　　日

序号	项目名称	建筑物防雷类别			合同编号	完成时间	备注
		一	二	三			

注：请按此表如实填写近三年内实际完成的雷电防护装置检测项目情况。

附录 E 公路水运工程质量检测机构资质申请书

公路水运工程质量检测机构资质

申请书

检测机构: _____ (章)

资质审批 □ 延续审批 □ 等级: _____

申 请 日 期: _____年_____月_____日

一、质量检测机构综合情况

第_____页　共_____页

总体概况	检测机构							
	机构性质	□事业单位法人 □企业法人；□国有；□民营；□股份制；□外商独资；□中外合资； □机关法人 □社会团体法人 □其他						
	注册地址				邮编			
	检测场所地址							
	联系电话		传真		E-mill			
	法定代表人		电话		手机			
	营业执照		质量检测用房 总面积（m²）					
	开户银行		开户银行账号					

人员情况	持试验检测证书人员总人数		持试验检测师证书人数		相关专业高级职称人数

行政、技术和质量负责人

姓名	性别	出生日期	职务	职称	专业	从事质量检测年限	检测人员证书编号

申请类型	□资质审批	□延续审批
已有等级类型		
资质审核/延续审批等级		

注："□"内打"√"

二、申请质量检测业务范围表

第_____页 共_____页

序号	质量检测项目名称	质量检测系数名称	采用的质量检测方法和标准（名称/编号）	所用主要仪器设备名称及编号	备注
1.1					
1.2					
...					
1.×					
...					
未申请的可选举数					
2.1					
2.2					
...					
2.×					
...					
...					
未申请的可选举数					

注：1. 填写时应按公路水运工程质量检测机构资质等级条件中所列质量检测项目及参数顺序填写；

2. 必选质量检测参数名称用加粗黑体字，可选质量检测参数名称用仿宋体字；

3. 未申请的可选参数之间用逗号分隔。

三、组织机构框图

第_____页　共_____页

注：1. 需标明质量检测机构内、外部（行政和业务指导）关系；

　　2. 直接关系用实线连接，间接关系用虚线连接。

四、质量检测机构负责人简历

第_____页 共_____页

姓名		性别		出生日期		
学历		职称		从事质量检测工作年限		照片
毕业院校、专业、时间						
职务				检测人员证书编号		

业务专长	
本人主要工作经历和质量检测业绩	本人（签名）：

注：负责人指机构行政负责人、技术负责人、质量负责人。

五、在岗人员一览表

序号	姓名	性别	出生年月	学历和专业	岗位职务/任职部门	职称	检测人员证书编号	从事质量检测年限	劳动（聘用）合同（年限）	社会保险（保险种类）	本单位工作年限

注：同一人所持的多个专业检测人员证书，可在同一机构不同类别、等级资质中使用，但不得超过 2 次。

六、质量检测仪器设备一览表

第_____页 共_____页

序号	仪器设备编号	仪器设备名称	规格型号	生产厂家	购置日期	单价（元）	测量范围	准确度等级/最大允许误差/测量不确定度	检定/校准周期	检定/校准机构	最近检定/校准日期	备注

质量检测项目序号及名称

必选仪器设备：

1												
2												
...												

可选仪器设备：

1												
2												
...												

缺少的可选仪器设备：

注：本表应按公路水运工程质量检测机构资质等级条件中所列质量检测项目、仪器设备顺序填写。

182

七、质量检测场所面积一览表

序号	功能室名称	面积（m²）	本次申请资质		既有其他资质	
			申请资质 1	申请资质 2	申请资质 1	申请资质 2
质量检测用房总面积（m²）						
合计（m²）						
共用面积说明		例：申请资质＿＿＿＿与非申请其他资质＿＿＿＿共用面积＿＿＿＿m²				

注：1. 填写质量检测用房面积，不含办公面积。质量检测用房应包括收（留）样用房、样品制备间、设备库
　　房等与质量检测工作直接相关的用房；

2. 相关资质栏括号中填入资质名称，若使用该功能室打"√"。未使用打"一"；存在多项资质情形时，
可根据资质具体数量增加表格列数，并说明各资质共用面积情况。

八、质量检测人员培训记录一览表

第_____页 共_____页

序号	培训名称	培训组织单位	主要培训内容	培训时间	主讲人	参加培训的质量检测人员	培训效果

注：本表按参加标准、规范的宣贯培训，行业管理政策及制度的宣贯培训，业务知识培训，机构内部专业知识培训等分类顺序填写。

九、参加比对试验记录一览表

第_____页　共_____页

序号	项目（参数）名称	比对试验组织单位	起止日期	参加人员	评价结果

注：本表填写部、省级单位和授权的专业机构组织的比对试验。

十、质量检测人员、仪器设备、环境变动情况一览表

第_____页 共_____页

内容	现有资质证书申请时（或延续审批）情况				本次申请资质时情况			
	职务	姓名	职称	试验检测证书编号	职务	姓名	职称	试验检测证书编号
检测人员	行政负责人				行政负责人			
	技术负责人				技术负责人			
	质量负责人				质量负责人			
	检测人员持证总人数：　　人，其中试验检测师（试验检测工程师）：　　人（目前仍有　　人在岗）。助理试验检测师（试验检测员）　　人（目前仍有　　人在岗），相关专业高级职称人数：　　人（目前仍有　　人在岗》				检测人员持证总人数：　　人，其中试验检测师（试验检测工程师）：　　人，助理试验检测师（试验检测员）　　人，相关专业高级职称人数：　　人 检测人员变动情况：			
仪器设备	仪器设备：　　台（套），价值：　　万元				仪器设备：　　台（套），价值：　　万元 主要增减的仪器设备：			
工作环境	注册地址及检测场所地址： 办公用房面积：　　m² 检测用房面积 m²				注册地址及检测场所地址： 办公用房面积：　　m² 检测用房面积 m²			

注：延续审批申请填写此表。

186

十一、质量检测主要业绩一览表

第＿＿＿＿页　共＿＿＿＿页

序号	工程项目名称	主要工作内容及工作量	项目（或授权）负责人	起止日期	完成情况

注：1. 适用于延续审批申请；

2. 本表应按时间顺序填写，现场检测项目应填写具有一定检测规模和技术难度、能代表机构技术能力的项目；现场核查时应提供合同、检测报告或报备通知书作为证明材料。

十二、实际开展参数一览表

第_____页 共_____页

序号	项目	批准参数	实际开展参数	未开展参数
总计	___%	___个	___个	___个

注：本表应按公路水运工程质量检测机构资质等级条件中所列参数顺序填写。

十三、受处罚情况一览表

第＿＿＿＿＿＿页　共＿＿＿＿＿＿页

序号	项目名称	处罚单位	处罚内容	处罚日期	整改结果

注：处罚包括法律处罚、行政处罚等。

附录 F 检验检测机构资质认定告知承诺书

检验检测机构资质认定告知承诺书

本机构就申请审批的资质认定事项，作出下列承诺：

（一）所填写申请的相关信息真实、准确；

（二）已经阅读和知悉资质认定部门告知的全部内容；

（三）本机构所申请检测项目能够符合资质认定部门规定的基本条件和技术能力要求，并按照规定接受后续核查；

（四）本机构上一许可周期内无违法违规行为，按时上报统计信息，并且申请事项无实质变化（仅适用于复查换证）；

（五）愿意承担虚假承诺、承诺内容严重不实所引发的不再适用告知承诺的资质认定方式、失信违法行为纳入不良信用记录等相应法律责任；

（六）本机构能够按照"公正、科学、准确、诚信"的原则开展检测活动；

（七）所作承诺是本机构的真实意思表示。

法定代表人签字：

（申请机构盖章）

年　　月　　日

（一式两份）

参考文献

［1］ 王婧，蔡江华，周有祥．新版《检验检测机构资质认定评审准则》变化解读［J］．湖北农业科学，2023，62（S1）：191-195。

［2］ 李卫华，合格评定对贸易便利化作用机理浅析［J］．经济研究参考，2017（72）：101-104.

［3］ 何礼彪，赵文国，杨梅枝．当前建设工程各领域质量检测背景分析及关系研究［J］．科技创新及应用，2023，14：86-89.